Tapas Ranjan Sahoo
Pankaj Kumar Parhi

Tecnologia para a separação de corantes orgânicos

Tapas Ranjan Sahoo
Pankaj Kumar Parhi

Tecnologia para a separação de corantes orgânicos

Papel dos materiais sintéticos e naturais

ScienciaScripts

Imprint
Any brand names and product names mentioned in this book are subject to trademark, brand or patent protection and are trademarks or registered trademarks of their respective holders. The use of brand names, product names, common names, trade names, product descriptions etc. even without a particular marking in this work is in no way to be construed to mean that such names may be regarded as unrestricted in respect of trademark and brand protection legislation and could thus be used by anyone.

Cover image: www.ingimage.com

This book is a translation from the original published under ISBN 978-620-2-06112-4.

Publisher:
Sciencia Scripts
is a trademark of
Dodo Books Indian Ocean Ltd. and OmniScriptum S.R.L publishing group

120 High Road, East Finchley, London, N2 9ED, United Kingdom
Str. Armeneasca 28/1, office 1, Chisinau MD-2012, Republic of Moldova, Europe
Printed at: see last page
ISBN: 978-620-8-32861-0

Sobre o livro

A nível mundial, existe uma grande preocupação ambiental com o aumento da taxa de contaminação da água potável. As principais fontes de poluentes líquidos são as descargas de efluentes de várias indústrias têxteis, alimentares e de tinturaria, devido ao teor de resíduos de corantes orgânicos. Estas moléculas de corantes poliméricos de cadeia longa (catiónicos/aniónicos) são de natureza não degradável devido à sua estabilidade química. Por conseguinte, é necessário desenvolver a tecnologia de processamento adequada para a purificação da água através da remoção destes resíduos de corantes orgânicos dos efluentes. Este livro apresenta quatro investigações diferentes para abordar esta questão, utilizando bioadsorventes de baixo custo, bem como nanopartículas sintéticas como potenciais sorventes. Este livro está dividido em duas secções principais com duas subsecções cada. A primeira secção inclui especialmente a investigação sobre a adoção de nanopartículas sintéticas de Nano ZnO e Rutilo TiO2 para o estudo da remoção dos corantes aniónicos Xylenol Orange e Eriochrome Black-T, respetivamente. Ambas as nanopartículas apresentam um excelente comportamento de sorção química para a absorção dos corantes aniónicos. O comportamento de sorção, incluindo a otimização do processo, a cinética, a isoterma e a termodinâmica, é amplamente estudado e discutido. A ilustração deste estudo seria benéfica para tratar os efluentes residuais que contêm também outros corantes orgânicos aniónicos. Em contrapartida, um bioadsorvente de muito baixo custo (*Phragmaties Karka* ativado/carvão *ativado* (CA)) é utilizado como material potencial para a remoção de dois corantes diferentes, como o violeta de metilo (VM) e o verde de bromocresol (BCG), que é descrito na segunda secção. A caraterística saliente do CA parece ser igualmente eficaz para a separação eficiente de corantes catiónicos e aniónicos. O comportamento de adsorção do corante catiónico MV e do corante aniónico BCG na fase AC é descrito em duas subsecções diferentes. O mecanismo de adsorção foi estabelecido de acordo com os resultados do estudo cinético, isotérmico e termodinâmico e é bem discutido. Os resultados dos estudos de caso são vitais para os processos de separação ambiental devido ao comportamento único da capacidade de absorção de corantes orgânicos catiónicos e aniónicos.

Tapas Ranjan Sahoo
Pankaj Kumar Parhi

Índice

1. Introdução

Com o passar do tempo, tem havido uma enorme utilização e procura de numerosas cores pelo seu impacto visual no revestimento de várias substâncias, uma vez que contribuem para a beleza da natureza, com caraterísticas como atratividade, design e texturas. Por conseguinte, tem sido amplamente aceite em todo o mundo para múltiplas aplicações na sociedade moderna [1]. Desde o século 25 a.C. que o homem colore o que o rodeia e o vestuário utilizando uma gama limitada de corantes naturais de origem animal e vegetal. Especificamente, a alizarina, extraída como glicosídeo do ácido rubiétrico da garança, era utilizada pelos antigos egípcios e persas. A utilização do índigo obtido a partir da Indigofera remonta a 3000 a.C., e o Tyrian Purpie (6,6'-dibromoindigo), preparado a partir do caracol marinho Murex brandaris, é utilizado desde a época romana. No entanto, a preparação em 1856 do primeiro corante sintético, a malvaína, por Perkin, deu origem ao desenvolvimento de muitos outros sectores importantes da indústria química moderna. Em comparação com os corantes naturais, os corantes sintéticos são mais adequados para satisfazer as exigências técnicas cada vez mais rigorosas dos dias de hoje em termos de estabilidade, solidez, etc. A cor pode acrescentar não só um aspeto estético mas também, frequentemente, uma caraterística de segurança quase insubstituível (semáforos e sinais de trânsito, identificação de medicamentos, sistemas de controlo) [2]. A cor, também designada por corante e/ou pigmento, é a substância que, quando aplicada a um substrato, leva à reflexão ou transmissão selectiva da luz do dia incidente. As substâncias que criam a sensação de escuridão ou brancura são também consideradas como corantes ou pigmentos. A caraterística dos pigmentos é a sua solubilidade extremamente baixa em água e no substrato de aplicação. Geralmente, também apresentam baixa solubilidade em solventes orgânicos. Por esta razão, permanecem essencialmente no estado sólido durante o processamento e quando aplicados no substrato. Os corantes, não abrangidos por esta definição de pigmentos, são matérias corantes. A maioria dos corantes e pigmentos comerciais são, de facto, misturas em que o conteúdo do componente colorido específico se situa normalmente entre 10 e 98%.

Os corantes orgânicos sintéticos são a classificação dos numerosos produtos disponíveis comercialmente. O Colour Index enumera cerca de 38 000 corantes comerciais, envolvendo 7 000-8 000 estruturas químicas diferentes. Este sistema único identifica cada produto por um nome genérico (por exemplo, Acid Yellow 23) que descreve o tipo de aplicação (ou seja, ácido) e a cor (Yellow 23), juntamente com as caraterísticas de tingimento. Os corantes são classificados de acordo com a sua solubilidade e propriedades químicas. Os corantes ácidos são corantes aniónicos solúveis em água que são aplicados a fibras como a seda, a lã, o nylon e as fibras acrílicas modificadas utilizando banhos de corantes neutros a ácidos. A mistura com a fibra é atribuída à formação de sais entre os grupos aniónicos dos corantes e os grupos catiónicos da fibra. Os corantes ácidos não são substantivos para as fibras celulósicas e a maior parte dos corantes alimentares sintéticos enquadram-se nesta categoria. Os corantes básicos são corantes catiónicos solúveis em água que se aplicam principalmente às fibras acrílicas, mas têm alguma utilização na lã e na seda. Normalmente, adiciona-se ácido acético ao banho de tinta para ajudar a absorção do corante pela fibra. Os corantes básicos são também utilizados na coloração do papel. Os corantes diretos são utilizados no algodão, papel, couro, lã, seda e nylon. São também utilizados como indicadores de pH e como corantes biológicos. Os corantes mordentes requerem um mordente, que melhora a solidez do corante contra a água, a luz e a transpiração. A escolha do mordente é muito importante, uma vez que diferentes mordentes podem alterar significativamente a cor final. Os corantes mordentes mais importantes são os corantes mordentes sintéticos, ou corantes de cromo, utilizados para a lã; estes compreendem cerca de 30% dos corantes utilizados para a lã, e são especialmente úteis para os tons de preto e azul-marinho. O mordente, dicromato de potássio, é aplicado como um pós-tratamento. É importante notar que muitos mordentes, particularmente os que pertencem à categoria dos metais pesados, podem ser perigosos para a saúde, pelo que a sua utilização deve ser extremamente cuidadosa. Por outro lado, os corantes de cuba são insolúveis em água e incapazes de tingir diretamente as fibras. No entanto, a redução em licor alcalino produz o sal de metal alcalino solúvel em água do corante e a oxidação subsequente reforma o corante insolúvel original. A cor da ganga é devida ao índigo, o corante original da cuba. Os corantes reactivos utilizam um cromóforo ligado a um substituinte que é capaz de reagir diretamente com o substrato da fibra. As ligações covalentes que ligam os corantes reactivos às fibras naturais fazem deles os mais permanentes dos corantes. Os corantes reactivos "frios", como o Procion MX, o Cibacron F e o Drimarene K, são muito fáceis de utilizar porque o corante pode ser aplicado à temperatura ambiente. Os corantes reactivos são, de longe, a melhor escolha para tingir algodão e outras fibras de celulose em casa ou no estúdio de arte. Os corantes dispersos foram originalmente desenvolvidos para o tingimento de acetato de celulose e são insolúveis em água. Os corantes são finamente moídos na presença de um agente dispersante e vendidos sob a forma de pasta, ou secos por pulverização e vendidos sob a forma de pó. A sua principal utilização é para tingir poliéster, mas também podem ser utilizados para tingir nylon, triacetato de celulose e fibras acrílicas. Em alguns casos, é necessária uma temperatura de tingimento de 130 °C (266 °F) e é utilizado um banho de tingimento pressurizado. O tamanho muito fino das partículas proporciona uma grande área de superfície que ajuda a dissolução para permitir a absorção pela fibra. A taxa de tingimento pode ser significativamente influenciada pela escolha do agente dispersante utilizado durante a moagem. A descarga de efluentes de corantes sintéticos altamente coloridos em águas interiores e costeiras é um problema ambiental cada vez mais preocupante. Os corantes de enxofre são corantes baratos utilizados para tingir o algodão com cores escuras. O tingimento é efectuado através do aquecimento do tecido numa solução de um composto orgânico, normalmente um derivado de nitrofenol, e sulfureto ou polissulfureto. O composto orgânico reage com a fonte de sulfureto para formar cores escuras que aderem ao tecido. O Sulfur Black 1, o corante mais vendido em volume, não tem uma estrutura química bem definida. Os corantes têxteis são principalmente classificados de duas formas diferentes com base (1) nas suas caraterísticas de aplicação e (2) na estrutura química, respetivamente. Exceptuando os precursores de corantes, tais como os componentes azóicos, as bases de oxidação e os corantes de enxofre, quase dois terços de todos os corantes orgânicos são corantes azóicos (R -N=N-R_{12}) utilizados em diversos processos industriais, tais como o tingimento e a impressão de têxteis, a fotografia a cores, o processamento de acabamento de couros, a indústria farmacêutica, os cosméticos, etc. Os materiais de base ou os produtos intermédios para a produção de corantes são a anilina, as cloroanilinas, as naftilaminas, as metilanilinas, as benzidinas, as fenilenodiaminas e outros. Os corantes azóicos são constituídos por uma amina diazotizada acoplada a uma amina ou a um fenol e contêm uma ou mais ligações azóicas. Os corantes azóicos constituem 70% dos corantes sintéticos produzidos e só perdem para os polímeros. Os corantes sintéticos azóicos são amplamente utilizados nas indústrias têxtil, de impressão em papel, fotográfica, farmacêutica, alimentar, cosmética e outras. Aproximadamente, 10.000 corantes e pigmentos diferentes são utilizados industrialmente e mais de 0,7 milhões de toneladas de corantes sintéticos são produzidos em todo o mundo. Os corantes têxteis formam um grande grupo de produtos químicos têxteis e incluem mais de 8.000 compostos diferentes com quase 40.000 nomes comerciais. A indústria têxtil utiliza sobretudo corantes reactivos, que são utilizados no tingimento de fibras de celulose, sendo o algodão responsável por cerca de 40% da produção mundial de fibras. Existem mais de 1,00,000 tipos de corantes disponíveis no mercado, com mais de 7 $_{105}$ toneladas de corantes produzidos anualmente, que podem ser classificados de acordo com a sua estrutura em aniónicos e catiónicos [3]. Em solução aquosa, os corantes aniónicos têm uma carga líquida negativa devido à presença de grupos sulfonato (SO_3), enquanto os corantes catiónicos têm uma carga líquida positiva devido à presença de grupos protonados contendo amina ou enxofre [4]. Devido à sua forte interação com muitas superfícies de tecidos sintéticos e naturais, os corantes reactivos são utilizados para tingir lã, algodão, nylon, seda e acrílicos modificados [5]. No entanto, estes métodos de tingimento de algodão estão a reduzir a sua importância devido à natureza tóxica dos produtos químicos utilizados. Os corantes orgânicos utilizados no processo de tingimento de têxteis têm de ter uma elevada estabilidade química e fotolítica, e o tratamento convencional de efluentes têxteis em condições aeróbias não os degrada, sendo apresentados em grandes quantidades nos recursos hídricos naturais na ausência de alguns tratamentos terciários.

As questões ambientais associadas ao teor de corante residual ou à cor residual nos efluentes têxteis tratados são sempre uma preocupação para cada operador têxtil que efectua descargas diretas, tanto nas estações de tratamento de águas residuais como nas operações têxteis comerciais, em termos de cumprimento dos requisitos de cor e de corante residual impostos à descarga de efluentes tratados. As concentrações de corantes nos cursos de água superiores a 1 mg/L causadas pelas descargas diretas de efluentes têxteis, tratados ou não, podem dar origem a queixas públicas. As concentrações elevadas de corantes têxteis nas massas de água impedem a capacidade de reoxigenação da água recetora e cortam a luz solar, perturbando assim a atividade biológica da vida aquática e também o processo de fotossíntese das plantas ou algas aquáticas. A cor dos cursos de água é aceite como um problema estético e não como um perigo ecotóxico. Por conseguinte, o público parece aceitar a cor azul, verde ou castanha dos rios, mas as cores "não naturais", como o vermelho e o púrpura, são normalmente as mais preocupantes. Outros investigadores demonstraram que os trabalhadores da indústria têxtil expostos a corantes reactivos apresentam alterações nos seus níveis de imunoglobulinas. Wollin et al. [7] demonstraram que vários corantes azo têm genotoxicidade. A presença de substâncias orgânicas na água também afecta o oxigénio dissolvido (OD). A redução do nível de oxigénio dissolvido afecta os microorganismos aquáticos. Não só afecta o equilíbrio ecológico como também coloca problemas ambientais porque reduz a população de microrganismos benéficos que degradam naturalmente as substâncias orgânicas nocivas. A diminuição do OD é frequentemente vista como um aumento da carência química de oxigénio (COD) e da carência biológica de oxigénio (BOD), que se refere à quantidade de oxigénio necessária para oxidar completamente as substâncias orgânicas na água, química e biologicamente, respetivamente. Quanto maior for a carga orgânica, maior será o valor de CQO e CBO. A oxidação biológica de compostos orgânicos efectuada em condições aeróbias requer DO. Se o sistema tiver um baixo nível de OD, as bactérias anaeróbias assumem o controlo, o que leva à formação de CH_4, H_2S e NH3 [6]. Para além de serem tóxicos, os efluentes de corantes orgânicos também contêm substâncias químicas que são cancerígenas, mutagénicas ou teratogénicas para vários organismos [7,8], o que é especialmente grave porque muitas substâncias químicas podem causar danos no material genético sem serem expressas imediatamente [9]. Foi relatado que os compostos azóicos e nitro são reduzidos em sedimentos de corpos aquáticos, dando origem a aminas potencialmente cancerígenas. Muitos corantes são fabricados a partir de agentes cancerígenos conhecidos, como a benzidina, e sabe-se também que se acumulam, constituindo assim uma séria ameaça. Sabe-se também que muitos corantes se reduzem a substâncias tóxicas no interior dos organismos vivos [10]. A carcinogenicidade dos corantes azo, que constituem uma proporção significativa dos corantes têxteis, é bem conhecida. Alguns corantes azóicos foram associados ao cancro da bexiga nos seres humanos; a sacromas esplénicos, hepatocarcinomas e anomalias nucleares em animais experimentais e a aberrações cromossómicas em células de mamíferos [11,12]. Há provas de que o verde de malaquite não só tem efeitos nos sistemas imunitário e reprodutivo, como também é um potencial agente genotóxico e carcinogénico [13]. Foi demonstrado que o azul disperso CI causa mutações de deslocamento de estrutura e substituição de pares de bases em Salmonella [14]. O efeito genotóxico e citotóxico deste corante nas células humanas também foi estudado [15]. Os corantes não são biodegradáveis em processos aeróbios de tratamento de águas residuais e alguns deles podem ser adsorvidos intactos pelas lamas no tratamento biológico das águas residuais (ou seja, bioeliminação por remoção adsorvente de corantes). A literatura está repleta de esforços para tentar remover, degradar e mineralizar os poluentes agressores, de modo a neutralizar os efeitos nocivos dos efluentes industriais. As águas residuais têxteis são difíceis de tratar devido à sua complexidade. Contêm muitos sólidos em suspensão, substâncias pouco biodegradáveis como aditivos, detergentes e tensioactivos, para além de corantes não utilizados. Devido à grande variedade de fibras, corantes, processos e produtos de acabamento, os efluentes têxteis são também de natureza química diversa e, por isso, são difíceis de tratar através de procedimentos de purificação convencionais. De facto, tratamentos como a cloração têm-se revelado inadequados, uma vez que libertam produtos mutagénicos dos corantes relativamente menos nocivos [16].A presença de corantes ou dos seus produtos de degradação na água, mesmo em concentrações muito baixas, pode causar perturbações da saúde humana, como náuseas, hemorragias, ulcerações da pele e das mucosas, e pode causar danos graves nos rins, no sistema reprodutor, no fígado, no cérebro e no sistema nervoso central. Por conseguinte, é essencial conceber métodos para os eliminar sucessivamente.

Existem várias técnicas para a remoção de corantes. Cada método tem as suas vantagens e desvantagens. Em termos gerais, os métodos enquadram-se em três categorias: físicos, químicos e biológicos. Os métodos foram amplamente revistos e comunicados [17, 18, 19]. O desenvolvimento de um método económico único para o tratamento de efluentes têxteis continua a ser um grande desafio. Os métodos físicos incluem a adsorção em carvão ativado, turfa, madeira, cinzas volantes, carvão, sílica ou processos como a filtração por membrana, permuta iónica, coagulação e osmose inversa. A coagulação é tradicionalmente efectuada com sais de alumínio (Al) ou de ferro (Fe). Atualmente, também se utilizam floculantes de polímeros inorgânicos. A coagulação química tem sido utilizada com sucesso no tratamento de efluentes têxteis [20]. A biossorção tem sido estudada por vários investigadores. Vários resíduos agrícolas, como a casca de arroz, o bagaço de cana-de-açúcar, a madeira de pinheiro, as espigas de milho, a quitosana, etc., podem adsorver e acumular corantes. Os métodos físicos sofrem de problemas como a produção excessiva de lamas. São eficazes apenas quando o volume de efluentes é pequeno. A própria eliminação do adsorvente sólido torna-se um grande problema. Estes métodos envolvem a oxidação utilizando agentes oxidantes como o reagente de Fenton, o ozono, o hipoclorito de sódio ou métodos fotoquímicos e a degradação eletroquímica. A ozonização tem sido amplamente utilizada para remediação. Foi demonstrado que o ozono cliva as ligações duplas conjugadas do cromóforo, resultando na descoloração. Mas este processo resulta frequentemente na formação de produtos tóxicos. A ozonização prolongada pode, no entanto, remover os produtos tóxicos. O TiO2 imobilizado também tem sido utilizado para a remoção de corantes. A oxidação fotocatalítica em TiO2 imobilizado na presença de irradiação solar e combinada com a electrocloração tem sido bem sucedida na descoloração e na redução da toxicidade. O tratamento biológico pode envolver a degradação aeróbia e anaeróbia por microrganismos. O tratamento anaeróbico de águas residuais de corantes utiliza várias bactérias anaeróbicas que produzem a enzima azoreductase. Foi proposta uma combinação de tratamento anaeróbio, que resulta na clivagem redutora das ligações azóicas, e de tratamento aeróbio, que degrada os produtos formados na primeira etapa. Zee (2005) [21] fez uma revisão do trabalho realizado utilizando o tratamento combinado, sequencial ou integrado em biorreactor anaeróbio-aeróbio de águas residuais de corantes. A aplicação de bactérias para a remoção de corantes foi amplamente analisada [22]. Algumas algas também têm sido utilizadas. O papel dos fungos foi amplamente investigado e revisto [23]. Os fungos provaram ser um organismo adequado para o tratamento de efluentes têxteis e para a remoção de corantes. Os micélios fúngicos têm uma vantagem sobre os organismos unicelulares, uma vez que podem solubilizar os substratos insolúveis utilizando enzimas extracelulares. Têm uma grande relação célula/superfície e, por conseguinte, um maior contacto físico e enzimático com o ambiente. Podem tolerar concentrações elevadas de substâncias tóxicas. Os fungos Mucorales foram utilizados para o tratamento de águas residuais têxteis modelo e demonstraram reduzir a cor e a toxicidade.

Nas últimas décadas, a adsorção ganhou uma importância fundamental na indústria e na proteção do ambiente. Como processo de purificação e separação, a capacidade de adsorção baseada em aspectos tecnológicos, ambientais e biológicos nunca será posta em causa. A adsorção funciona com base no princípio da adesão. O processo de adsorção envolve a separação de uma substância de uma fase acompanhada pela sua acumulação ou concentração na superfície de outra. O processo pode ocorrer em qualquer um dos seguintes sistemas: líquido-gás, líquido-líquido, sólido-líquido e sólido-gás. A fase adsorvente é o "adsorvente", e o material concentrado ou adsorvido à superfície da fase adsorvente é o "adsorvato". A adsorção pode resultar das interações universais de Van der Waals e das forças electrostáticas entre as moléculas de adsorvato e os átomos da superfície do adsorvente (adsorção física, fisissorção), ou pode ter o carácter de um processo químico (adsorção química ou quimissorção). Ao contrário da fisissorção, a quimissorção ocorre apenas como uma monocamada. A adsorção física pode ser comparada ao processo de condensação. A maioria dos adsorventes sólidos possui uma estrutura porosa complexa que consiste em poros de diferentes tamanhos e formas. Em termos da ciência da adsorção, a porosidade total é normalmente classificada em três grupos: microporos (inferiores a 2 nm), mesoporos (na gama de 2 a 50 nm) e macroporos (superiores a 50 nm). A adsorção em microporos é essencialmente um processo de preenchimento de poros, porque os tamanhos dos microporos são comparáveis aos das moléculas de adsorvato. Todos os átomos ou moléculas do adsorvente podem interagir com as espécies adsorvidas. Esta é a diferença fundamental entre a adsorção em microporos e em poros maiores, como meso e macroporos. Assim, o tamanho dos microporos determina a acessibilidade das moléculas de adsorvato à superfície interna de adsorção. A distribuição do tamanho dos poros dos microporos é outra propriedade importante para caraterizar a adsortividade dos adsorventes. No caso dos mesoporos, cujas paredes são formadas por um grande número de átomos ou moléculas de adsorvente, o limite das interfases (área de superfície do adsorvente) tem um significado físico distinto. A ação das forças de adsorção ocorre a uma distância próxima das paredes dos mesoporos. Por conseguinte, a adsorção de mono e multicamadas ocorre sucessivamente na superfície dos mesoporos, e o seu enchimento final processa-se de acordo com o mecanismo de condensação capilar do adsorvato. A adsorção desempenha um papel significativo no controlo da poluição ambiental e nos sistemas de apoio à vida ou nas bases planetárias, onde os adsorventes podem ser utilizados para processar o ar do habitat ou para recuperar substâncias úteis do ambiente local. Os processos de adsorção são bons candidatos para a separação e purificação em virtude da sua elevada fiabilidade, eficiência energética, flexibilidade de conceção, maturidade tecnológica e capacidade de regenerar o processo através da regeneração do adsorvente esgotado. O desenvolvimento e a aplicação da adsorção não podem ser considerados separadamente do desenvolvimento da tecnologia utilizada para o fabrico de adsorventes aplicados tanto à escala laboratorial como à escala industrial. Os adsorventes podem assumir uma vasta gama de formas químicas e diferentes estruturas geométricas de superfície. Uma grande área de superfície específica dos poros do adsorvente proporciona uma grande capacidade de adsorção. A criação de uma grande área de superfície interna num volume limitado dá inevitavelmente origem a um grande número de poros de pequenas dimensões entre as superfícies de adsorção.

Recentemente, foram desenvolvidos em laboratório alguns adsorventes naturais e baratos [24-29]. A atenção tem-se concentrado em vários adsorventes, que têm capacidades de absorção e são capazes de remover fenóis indesejados da água contaminada a baixo custo. Devido ao seu baixo custo e à disponibilidade local, os materiais naturais como a lama vermelha, os zeólitos, a argila, o extrato de plantas, o carvão ativado ou certos produtos residuais de operações industriais como as cinzas volantes, o carvão e os resíduos industriais são classificados como adsorventes de baixo custo. Os bio-adsorventes naturais, tais como raízes, caules e folhas de diferentes plantas, estão facilmente disponíveis na natureza e apresentam uma capacidade de sorção eficaz, tal como outros materiais sintéticos. Tem havido uma utilização extensiva destes extractos de plantas para a remoção de várias moléculas de corantes. Em alternativa a estes bioadsorventes, a sua forma modificada proporciona uma elevada área de superfície e porosidade que aumenta substancialmente a capacidade de carga. Um dos bioadsorventes modificados, como o carvão ativado (CA), parece ser um sorvente potencial para a sua adoção em processos de remoção de corantes. As suas capacidades de sorção resultam da elevada área superficial e das capacidades de troca. A carga negativa na estrutura dos minerais de argila confere à argila a capacidade de ser modificada por um tensioativo. Os EUA e as antigas repúblicas da União Soviética, como a Lituânia, a Geórgia e o Cazaquistão, são bem conhecidos pelos seus grandes depósitos de minerais de argila naturais. Os resíduos industriais são também um dos adsorventes potenciais para a remoção de fenol e seus derivados. Requerem pouco processamento para aumentar a sua capacidade de sorção. Geralmente, os resíduos industriais são gerados como subprodutos. Uma vez que estes materiais estão disponíveis localmente em grandes quantidades, são pouco dispendiosos. Existem muitos tipos de resíduos industriais, tais como lamas residuais, cinzas volantes, lama vermelha, revestimento de sementes de borracha e carvão, que têm sido explorados quanto à sua viabilidade técnica para remover substâncias orgânicas e seus derivados de águas contaminadas. O carvão é conhecido por possuir uma boa microporosidade e uma grande área de superfície, sendo considerado um bom adsorvente para fenóis. Estes materiais existem como grandes depósitos em muitos países, nomeadamente na Austrália e na Índia. As tentativas de melhorar a superfície e a porosidade do carvão através de diferentes processos de conversão do carvão, tais como a oxidação, a pirólise e a extração por solventes, separadamente ou em combinação, parecem ser um campo de investigação gratificante em matéria de adsorção. Adak et al. [30] indicaram que a alumina é um adsorvente muito eficaz para a remoção de tensioactivos aniónicos de águas residuais altamente concentradas. Após a remoção do tensioativo em vários ciclos, a alumina revestida com tensioativo esgotada torna-se inútil. Esta alumina esgotada, no entanto, possui a capacidade de remover substâncias orgânicas do ambiente aquático através do processo chamado adsolubilização. Os microrganismos, tais como bactérias, fungos, leveduras, algas e plantas, podem remover alguns poluentes de soluções aquosas, sendo estes fenómenos biológicos designados por biossorção. Este termo é adotado para indicar uma série de processos independentes do metabolismo (adsorção física e química, troca iónica, complexação, quelação e microprecipitação) que ocorrem essencialmente na parede celular. A principal atração da biossorção é a sua rentabilidade e o seu bom desempenho em termos de remoção. As nanopartículas de óxidos metálicos de transição têm sido estudadas extensivamente devido ao seu excelente desempenho como nanomateriais avançados nos domínios do ambiente e da energia, e a adsorção desempenha um papel crucial nestas aplicações, por exemplo, uma forte adsorção pode melhorar consideravelmente o desempenho. Por conseguinte, a melhoria da adsorção de nanopartículas de óxidos metálicos tem sido um tema que fascina cientistas e engenheiros há várias décadas. As águas residuais das indústrias têxtil, farmacêutica e alimentar sempre constituíram um grave problema ambiental, que é nocivo para a vida aquática e põe mesmo em perigo a saúde humana. Muitos corantes, enquanto contaminantes orgânicos, são normalmente estáveis e dificilmente degradados nas técnicas convencionais de tratamento de águas residuais, incluindo a floculação, a coagulação, a precipitação química e a oxidação biológica. O desenvolvimento de técnicas de adsorção amigas do ambiente está assim a tornar-se uma questão importante para a remoção de contaminantes orgânicos na água através da simples adsorção. As capacidades de adsorção foram avaliadas em diferentes pHs (e não necessariamente no pH ótimo), temperaturas, gamas de concentração de orgânicos aromáticos e adsorventes. Algumas capacidades de adsorção foram registadas em experiências de lote e outras em modos de coluna contínua. Estas não podem ser facilmente comparadas entre si. Nas experiências em descontínuo, as capacidades de adsorção foram calculadas através da isotérmica de Langmuir ou Freundlich. Este facto torna a comparação mais complicada. No entanto, alguns adsorventes que se destacam pelas suas elevadas capacidades de adsorção de corantes orgânicos e seus derivados são os carvões activados, as resinas, os resíduos industriais e as nanopartículas de óxido metálico.

A contaminação química da água por uma vasta gama de compostos tóxicos, em especial moléculas aromáticas, constitui um grave problema ambiental devido à sua potencial toxicidade para o homem. Os corantes orgânicos e os seus derivados parecem ser os principais poluentes orgânicos a nível mundial neste século. Estes, provenientes de descargas de efluentes industriais, representam uma ameaça grave e contínua para a saúde humana e para as águas naturais. Existe um grande número de tecnologias disponíveis para o tratamento de corantes orgânicos e seus derivados, mas nenhuma delas é aplicável a todas as situações. A adsorção é uma prática relativamente nova para a remoção de corantes tóxicos. O papel das nanopartículas de óxido metálico e das resinas de carvão ativado na remoção de corantes orgânicos da água e das águas residuais é discutido neste livro. Os estudos cinéticos, termodinâmicos e isotérmicos também são investigados e são determinados diferentes parâmetros de ativação física para fornecer informações sobre as reacções e os mecanismos de adsorção.

2. Adsorção de corantes orgânicos em adsorventes sintéticos

2.1 Corante laranja xilenol em nano ZnO

O estudo da separação de um corante aniónico, Xylenol Orange (XO), de uma solução aquosa foi investigado utilizando nano partículas de ZnO sintetizadas. A via de combustão assistida por micro-ondas foi muito eficaz na produção de ZnO cúbico com estrutura de fluorite, o que foi verificado pelo padrão de difração de raios X em pó. A morfologia da superfície do ZnO foi investigada por micrografias de Microscopia Eletrónica de Varrimento de Emissão de Campo (FESEM), que mostram nanopartículas irregulares com um tamanho médio de 18 nm. Foram investigados os factores de adsorção que influenciam o processo de adsorção, tais como a concentração inicial de corante (5-30ppm), a dose de adsorvente (100-400mg/L), o tempo de contacto (1- 300 min), o pH da solução (4,4-7,4) e a temperatura (293-333K). A análise dos dados de equilíbrio foi efectuada através das isotérmicas de adsorção de Langmuir e Freundlich. Os parâmetros termodinâmicos, tais como AG°, AH° e AS° foram calculados e o valor negativo de AH (-0,115 kJ mol^{-1}) corresponde a uma natureza exotérmica do processo de adsorção e os valores positivos de AS° (0,053Jmol K^{-1-1}) revelam o aumento da aleatoriedade do corante durante o processo de adsorção. Os resultados cinéticos indicam que a adsorção de XO é de pseudo segunda ordem e do tipo quimisorção.

2.1.1 Introdução e revisão da literatura:

A crescente procura por parte da população e a elevada industrialização produzem uma quantidade excessiva de contaminação por corantes orgânicos provenientes de várias fontes, o que se tornou uma questão importante a nível mundial devido ao seu impacto não só na saúde pública, mas também em todo o ambiente Os corantes orgânicos são sobretudo utilizados como agentes de tingimento para o fabrico de produtos de várias indústrias, como têxteis, plásticos, borracha, couro, papel, cosméticos e processamento de alimentos, etc. [31-36]. Estes corantes são considerados tóxicos, mutagénicos ou carcinogénicos e são frequentemente descarregados sob a forma de resíduos coloridos como efluentes industriais, especialmente das indústrias têxteis e também dos sectores de fabrico de corantes durante o processo de produção. Estes efluentes que contêm corantes são contaminados no subsolo e noutras massas de água do ambiente. Uma concentração muito baixa de efluentes coloridos, embora descarregada nas massas de água, pode impedir a penetração da luz solar e do oxigénio na água, o que aumenta as necessidades químicas e bioquímicas de oxigénio (CQO e CBO) [34,37,38,39] e afecta a atividade fotossintética dos sistemas aquáticos [40-42]. A sua contaminação das massas de água doce do ambiente não só se torna uma séria ameaça para a vida aquática como também para a vida humana ou para os organismos vivos. Atualmente, mais de 10 000 corantes estão disponíveis comercialmente em todo o mundo e a sua produção é de aproximadamente 7 X 10^5 milhões de toneladas. Cerca de 10-20 % destes corantes transformam-se em resíduos que, subsequentemente, são descarregados nas fases aquosas, aumentando assim o nível de toxicidade das massas de água. [4,11]. Destes corantes, o alaranjado de xilenol [3,3-bis-N,N,bis-(carboximetil) aminometil-o-cresolsulfonaftaleína], um corante sulfonado com a fórmula química C H $N_{3132213}$ S O, é um dos corantes mais utilizados como excelente indicador complexométrico e reagente potenciométrico para a determinação de muitos iões metálicos no indicador ácido-base de laboratório. Por outro lado, é tratado como um poluente devido à sua toxicidade na natureza e provoca irritação ocular, irritação gastrointestinal com náuseas, vómitos e diarreia [33]. Além disso, os corantes habitualmente utilizados nas indústrias de corantes/têxteis são de estrutura química sintética e complexa, o que faz com que permaneçam no ambiente durante um longo período de tempo devido à sua elevada estabilidade à luz, à oxidação e à biodegradação. Por conseguinte, é uma tarefa difícil para os investigadores recuperar ou remover os corantes dos recursos aquosos ambientais.

Nos últimos anos, vários métodos ou técnicas estão a ser praticados pelos investigadores para a remoção de corantes de efluentes industriais, entre os quais a adsorção é uma das tecnologias mais atractivas devido à sua elevada eficiência, custo-benefício, processo de conceção simples, operação sem esforço em alternativa aos métodos convencionais, tal como descrito acima. Existem muitos adsorventes (naturais e/ou sintetizados) que estão a ser utilizados para a remoção de moléculas de corante de efluentes residuais [34,35]. Mas, em alguns casos, o adsorvente sintético foi considerado mais eficaz devido à sua propriedade de porosidade superficial.

As nanopartículas de óxido de zinco (ZnO) têm vindo a atrair o interesse da investigação devido às suas excelentes propriedades físicas e químicas, tais como a inércia química, a proteção do ambiente, a facilidade de síntese e a elevada porosidade, o que sugere a sua utilização como adsorvente para a remoção de corantes orgânicos de soluções aquosas [36, 37]. No presente estudo [39], a nanopartícula de ZnO foi sintetizada pelo método de combustão assistida por micro-ondas. A amostra de ZnO preparada foi caracterizada usando XRD e FESEM. Foram investigados os estudos de cinética de adsorção, termodinâmica e isoterma para a remoção de Xilenol Laranja da solução aquosa.

2.1.2 Materiais e métodos

A síntese de combustão assistida por micro-ondas foi utilizada para sintetizar ZnO, que estabiliza a fase cúbica de ZnO a alta temperatura. Numa reação típica, quantidades estequiométricas de grau analítico de 0,75 g de nitrato de zinco ($Zn(NO_3)_2.6H_2O$) foram misturadas com 0,2 g de glicina, conforme ditado pela relação oxidante/combustível (O/F), numa quantidade mínima de água destilada num copo de 100 ml. A mistura resultante foi exposta à irradiação por micro-ondas num forno de micro-ondas, aquecido a uma potência elevada de 800 W e a uma frequência de 2450 MHz, durante um máximo de 3 minutos. Durante este tempo, a mistura redox ferveu, sofreu desidratação e depois inflamou-se (devido ao aquecimento interno), resultando numa reação exotérmica com uma chama persistente durante 2-4 segundos. Este processo é instantâneo e o resíduo resultante era pulverulento, espumoso e cristalino aos raios X. As amostras moídas foram caracterizadas por difração de raios X em pó utilizando radiação CuKa e filtro de Ni. As micrografias de Microscopia Eletrónica de Varrimento por Emissão de Campo (FESEM) foram recolhidas num microscópio Zeiss Merlin equipado com uma coluna Gemini II.

O alaranjado de xilenol (XO), cuja fórmula molecular é C H $N_{3132213}$ S O, com uma massa molecular de 672,67, foi adquirido à Himedia Chemical Reagent Ltd. O ácido clorídrico (Fisher Scientific) e o hidróxido de sódio (Merck) utilizados nesta experiência eram de grau analítico (AR). A solução-mãe de XO e as diferentes concentrações de XO com diluição subsequente foram preparadas com água bidestilada.

A concentração desejada (20 ppm na maior parte do estudo, exceto quando especificado em contrário) de XO utilizada neste estudo assemelha-se ao perfil de concentração do efluente de descarga industrial e foi preparada para o estudo experimental. A estimativa da solução de XO para cada uma das amostras resultantes da experiência de adsorção foi realizada pelo método métrico colorido utilizando um espetrofotómetro UV-Visível (UV-1800, Shimadzu, Japão), medindo a absorvância no comprimento de onda de 442 nm. O pH da respectiva solução foi medido com um medidor de pH Systronics (µC pH system 361, Índia) e os ajustes de pH foram efectuados com soluções diluídas de NaOH e HCl. A análise de infravermelhos por transformada de Fourier (FT-IR) para a Phragmites Karkas foi realizada pelo espetrofotómetro SHIMAZDU, IRAffinity-1S FTIR (Shimadzu Co. Tokyo, Japão).

Procedimento experimental de adsorção

A adsorção de XO em óxido de zinco (ZnO) foi efectuada em experiências descontínuas. As experiências de adsorção foram efectuadas em frascos Erlenmeyer de 250 ml contendo 100 ml de soluções de XO, tendo sido carregada a dose desejada de ZnO e colocada num agitador magnético. Para determinar a eficiência da adsorção no

ZnO, as experiências foram realizadas variando os parâmetros, tais como: o efeito do pH, da temperatura, do tamanho das partículas, da quantidade de adsorvente, da concentração inicial do corante, do tempo de contacto e da velocidade de agitação. A temperatura foi controlada durante a experiência e observou-se que a variação global da temperatura foi de ± 2° C. O pH da solução foi ajustado pela adição de NaOH / HCl 0,1 mol/L. Para estudar o equilíbrio de adsorção, uma quantidade definida de adsorvente foi equilibrada com a solução de corante desejada à temperatura ambiente durante períodos de tempo definidos. No final dos intervalos de tempo pré-determinados, o adsorvente foi removido por filtração simples. O filtrado foi analisado quanto ao XO residual (não adsorvido) utilizando um espetrofotómetro UV-Vis de feixe duplo (Shimadzu, UV-1800, Japão) a 442 nm. A quantidade de corante XO adsorvido pelo ZnO no equilíbrio q_e (mmol g^{-1}), e q_t (mmol g^{-1}) no tempo t foram obtidas de acordo com as equações (1) e (2) respetivamente, como se segue:

$$q_e = \frac{(C_0 - C_e).V}{m} \quad (1)$$

$$q_t = \frac{(C_0 - C_t).V}{m} \quad (2)$$

Além disso, a percentagem de corante XO adsorvido a partir de uma solução aquosa com o ZnO foi calculada utilizando a Eq. (3):

$$\%M = \frac{(C_0 - C_t)}{C_0} \times 100 \quad (3)$$

Onde C_o e C_e (mol.L^{-1}) são a concentração inicial e de equilíbrio do corante ZnO na fase aquosa, respetivamente, Ct (mol.L^{-1}) é a concentração de XO no tempo t; V (mL) é o volume da solução e m (g) é a massa de ZnO.

O estudo cinético da adsorção foi realizado no intervalo de tempo de contacto de 1-300 min, mantendo a quantidade de ZnO constante. A isotérmica de adsorção foi estudada com uma concentração inicial variável do corante XO. A quantidade de ZnO foi variada de 5-30 mg no estudo de adsorção do ensaio em lote. A temperatura da solução foi mantida a 303 K na maior parte das experiências, exceto quando o efeito da temperatura foi estudado na gama de 293-333 K. A velocidade de agitação foi mantida fixa a 400 rpm na maior parte das experiências de ensaio em lote, exceto quando o efeito da rpm foi alterado na gama de 50-250 rpm.

2.1.3 Resultados e discussão:

Caracterização de nanopartículas de ZnO

A eficácia da via de combustão por micro-ondas na produção de ZnO cúbico com estrutura de fluorite foi verificada pelo padrão de difração de raios X em pó. A Fig.1 mostra os padrões de difração de raios X do pó de ZnO puro. As posições dos picos de XRD com os parâmetros de rede confirmam a formação de ZnO cúbico. Os índices de miller referem-se à formação de produtos monofásicos com a estrutura cúbica de ZnO do tipo fluorite. As amostras preparadas não apresentam quaisquer picos de impurezas.

A morfologia da superfície do ZnO foi investigada por micrografias de Microscopia Eletrónica de Varrimento de Emissão de Campo (FESEM). A Fig.2 apresenta a imagem FE-SEM selecionada da amostra de ZnO preparada, que mostra agregados de nanopartículas irregulares com um tamanho médio de 18 nm.

As imagens de menor ampliação mostram a formação de agregados esponjosos com grandes alvéolos (figura não mostrada aqui), o que é típico de materiais obtidos por síntese de combustão.

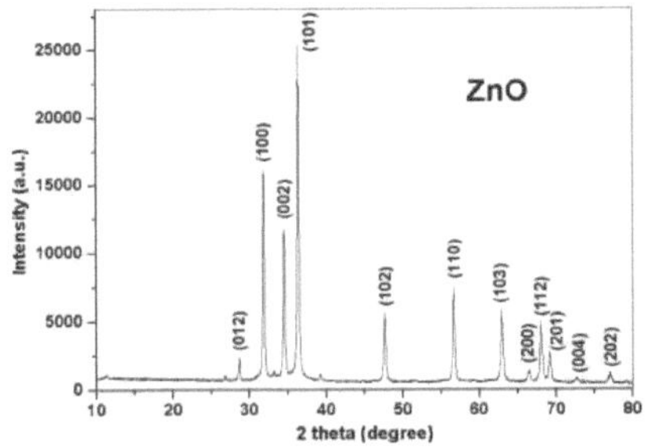

Figura 1. Padrão XRD do ZnO.

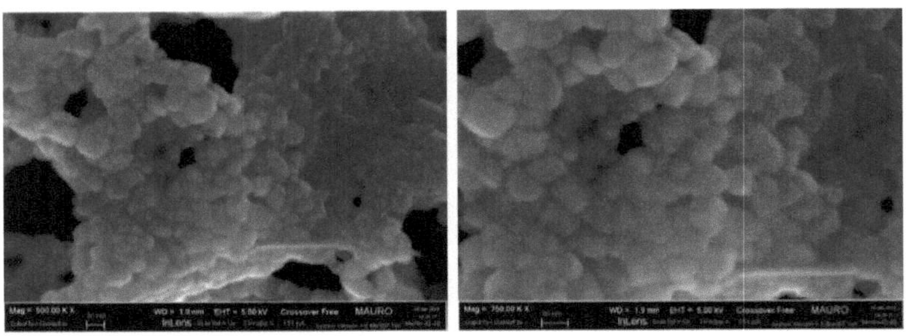

Figura 2. FE-SEM de nanopartículas de ZnO.

Adsorção de XO em nanopartículas de ZnO

A adsorção de XO de um meio aquoso foi estudada com o adsorvente ZnO, variando o pH, a temperatura, a dose de adsorvente, [XO], o tempo e a velocidade de agitação. A eficiência máxima de adsorção por ZnO foi obtida numa gama de pH ligeiramente ácido (pH: 5,4) a 298K com [XO] 30 mg/L utilizando 30 mg de nanopartículas de ZnO. Com o aumento ou a diminuição do pH, verificou-se uma redução significativa da eficiência de adsorção de XO. As observações anteriores podem ser explicadas pelas seguintes razões (i) a uma gama de pH mais baixa, a concentração de iões H^+ aumenta e, por conseguinte, o meio altamente ácido da solução impede uma forte ionização do SO_3^- do XO e, subsequentemente, provoca uma diminuição da adsorção do XO. Por outro lado, (ii) a carga da forma ionizada do ião XO no ZnO foi menos pronunciada devido ao aumento do ião hidroxilo (OH^-) numa gama de pH mais elevada (para além do pH neutro) [39]. Os dados resultantes do estudo da variação do tempo, da temperatura e da concentração do corante XO foram posteriormente interpretados com os modelos cinético, termodinâmico e isotérmico, respetivamente, para investigar o mecanismo de adsorção, tal como indicado abaixo.

Modelo cinético

A taxa de adsorção de XO em ZnO e o mecanismo podem ser estabelecidos com base no estudo cinético. Em geral, a adsorção do corante na superfície sólida pode ser explicada por dois mecanismos distintos: (1) Uma ligação inicial rápida das moléculas de corante na superfície do adsorvente, (2) Difusão intrapartícula relativamente lenta. Para analisar a cinética de adsorção do corante XO, foram aplicados os modelos de primeira ordem e de pseudo-segunda ordem.

Cinética de pseudo-primeira ordem e de segunda ordem

Os dados cinéticos para a adsorção de XO com ZnO foram ajustados com o modelo cinético de primeira ordem

/ segunda ordem, consultando as equações de Lagrange (4 & 5). A cinética de pseudo-primeira ordem pode ser descrita pela equação (4) e a de segunda ordem pela equação (5), como indicado abaixo.

$$\log(q_e - q_t) = \log q_e - \left(\frac{k_1}{2.303}\right).t \qquad (4)$$

$$\frac{t}{q_t} = \frac{1}{k_2 q_e^2} + \frac{t}{q_e} \qquad (5)$$

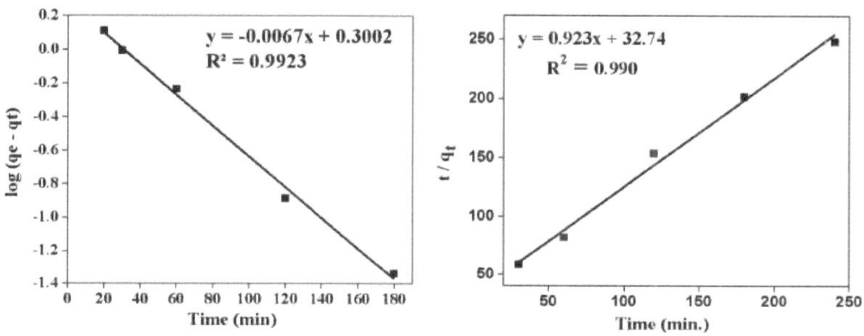

Figura 3: (a) Cinética de pseudo-primeira ordem e (b) cinética de pseudo-segunda ordem para a adsorção de XO por ZnO

Onde q_e e q_t são as quantidades ($mg.g^{-1}$) de adsorvato no equilíbrio e no tempo t (min), respetivamente, e k_1 e k_2 é a constante de velocidade (min^{-1}). A representação gráfica dos valores de log (q -q_{et}) versus "t" e t/q_t em função de t (min) é mostrada na Fig.3(a) e 3(b), respetivamente, e dá origem a uma relação linear a partir da qual k1, k2 e qe foram determinados a partir dos valores do declive e da interceção, respetivamente. Os valores do coeficiente de correlação R^2 para o modelo de pseudo-segunda ordem fornecem uma melhor correlação, sugerindo que o passo limitador da taxa pode ser do tipo de sorção química.

Além disso, para estudar a difusão de partículas após a adsorção, foi tomado em consideração o modelo de Weber-Morris, em que o gráfico de q_t versus $t^{0.5}$ mostra uma tendência linear do gráfico (não mostrada aqui), indicando o controlo da adsorção por difusão intra-partícula do XO dentro dos poros do ZnO.

Termodinâmica da adsorção

A adsorção de XO foi investigada na faixa de temperatura de 293-333 K. onde outros parâmetros foram: dose de sorvente 20mg, velocidade de agitação 400 rpm, [XO] 20 mg/L e pH 5,4. A partir deste gráfico de variação de temperatura, os valores de AG° , AH° e AS° podem ser calculados de acordo com as Eqs. (6), (7) e (8).

$$\Delta G^o = -RTLn\ K_c \qquad (6)$$

$$\Delta G^o = \Delta H^0 - T\Delta S^0 \qquad (7)$$

$$\log K_c = \frac{\Delta S^0}{2.303R} - \frac{\Delta H^0}{2.303RT} \qquad (8)$$

Em que AG° é a energia livre padrão, ΔH° e ΔS° são as variações de entalpia e entropia do processo de adsorção.

O gráfico do logKc em função de 1/T, com base na relação de Vant Hoff, tal como indicado na Eq. (8), deu origem a linhas rectas, como se mostra na Fig. 4 (a) e (b).

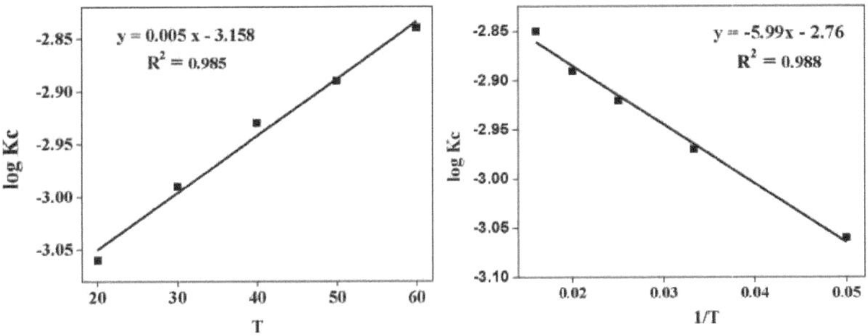

Figura 4. (a) Gráfico de log K vs T(temp.) (b) Gráfico de Van't Hoff para adsorção de XO com ZnO.

O valor de ΔH^o e ΔS^o foram calculados a partir do declive e da interceção, respetivamente. O valor negativo de ΔG^o (-15,61, -16,14, -16,67, -17,21, -17,73 para as temperaturas de 293K, 303K, 313K, 323K e 333K, respetivamente) indica a viabilidade do processo de adsorção e a interação espontânea do ião corante com os locais activos do adsorvente. O valor negativo de ΔH^o (-0,115 $kJmol^{-1}$) corresponde a uma natureza exotérmica do processo de adsorção e os valores positivos de ΔS^o

(0,053 Jmol K^{-1-1}) revela o aumento da aleatoriedade da interface entre o corante e o adsorvente durante o processo de adsorção.

Isotérmicas de adsorção

Os dados de adsorção de equilíbrio de diferentes concentrações iniciais de corante foram analisados de acordo com os modelos de isotérmicas de adsorção de Langmuir e Freundlich, como indicado nas Eqs. (9) e (10), respetivamente.

$$\frac{C_e}{q_e} = \frac{1}{bq_m} + C_e(\frac{1}{q_m}) \quad (9)$$

$$\log q_e = \log K_F + \frac{1}{n} \log C_e \quad (10)$$

Onde qe é a quantidade de corante adsorvida no equilíbrio (mg/g), Ce é a concentração da solução no equilíbrio, b é a constante de Langmuir (L/mg), e qm é a capacidade máxima de adsorção e KF é a constante de Freundlich (L/mg). A partir do modelo de isotérmica de adsorção de Langmuir, os valores de R2, q_m e b foram determinados a partir do declive e da interceção da linha reta de um gráfico de C /q_{ee} vs C_e apresentado na Fig.4(a) e (b), em que o coeficiente de correlação (R2) foi de (0,94), não se ajustando bem aos dados experimentais.

Os dados de adsorção foram ainda interpretados através do modelo de isoterma de Freundlich. Os gráficos de log q_e vs. log C_e também mostraram linhas rectas na Fig.5(a) e (b). Os valores de R2, K_F e 1/n obtidos a partir do declive e da interceção da linha reta foram de 0,99, 0,025 e 1,044, respetivamente. A partir destes dados experimentais, verificou-se que o valor de n (1,044) é inferior a 10 e superior à unidade, o que revela uma condição de adsorção favorável.

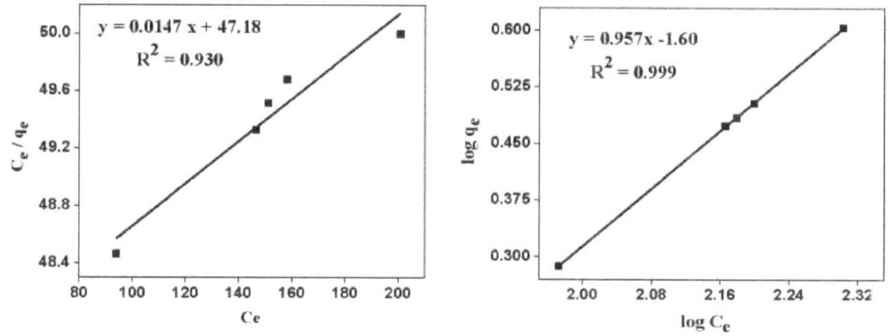

Figura 5: (a) Traçado da isotérmica de Langmuir e (b) Traçado da isotérmica de Freundlich para a adsorção de XO por ZnO

2.1.4 Resumo

O estudo de adsorção do corante aniónico Xilenol Laranja foi investigado utilizando nano ZnO. A nano partícula de ZnO foi sintetizada pelo método de combustão assistida por micro-ondas, tendo a fase cúbica sido verificada por XRD. As micrografias FESEM revelaram nano partículas irregulares com um tamanho médio de grão de 18 nm. Os factores operacionais de adsorção, como o tempo, o pH e a dose de adsorvente/sorbato, desempenham um papel importante na alteração do processo. Com base na influência destes parâmetros, os resultados são interpretados através de um estudo cinético, termodinâmico e isotérmico. Os parâmetros termodinâmicos, tais como ΔG , ΔH^{oo} e ΔS^o foram calculados e o valor negativo de ΔH^o (-0,115 kJ mol^{-1}) indica uma natureza exotérmica da adsorção e o valor positivo de ΔS^o (0,053Jmol K^{-1-1}) significa o aumento da aleatoriedade do corante durante a adsorção. Os resultados da isotérmica de adsorção revelaram uma melhor adequação ao modelo de Freundlich. Os resultados cinéticos revelaram que a adsorção de XO é de pseudo-segunda ordem e do tipo quimisorção.

2.2 Preto-T Eriocromo em TiO rutílico$_2$

Noutro estudo de caso, o método de co-precipitação foi seguido para sintetizar a fase rutilo das partículas de TiO2 e é utilizado como adsorvente para a remoção do corante azo tóxico Eriochrome black-T (EBT) de uma solução aquosa. A fase rutilo do TiO2 foi confirmada pelo padrão de difração de raios X em pó. O comportamento e as condições de adsorção foram estabelecidos com base nos resultados do estudo de otimização do processo. Foi examinado o efeito da concentração inicial do corante, da dose de adsorvente, do pH, da velocidade de agitação e da temperatura no processo de adsorção do EBT. O aumento da dose de adsorvente e a diminuição da concentração inicial do corante e do pH conduziram a um aumento da remoção do EBT. Os modelos de isoterma de adsorção, como Langmuir, Freundlich e Tempkins, foram ajustados aos dados experimentais resultantes e os resultados mostraram o melhor ajuste com a isoterma de Freundlich, o que significa que o processo de adsorção do corante EBT nas partículas de TiO2 foi heterogéneo. As condições óptimas resultantes foram: 25 ppm de concentração inicial de corante, 20 mg de dose de adsorvente e pH de 2. Os dados cinéticos foram analisados usando pseudo-primeira ordem, pseudo-segunda ordem e equação de difusão intrapartícula. A pseudo-segunda ordem foi a que melhor se ajustou aos estudos cinéticos (R2 = 0,999), o que confirma que o processo de adsorção foi do tipo quimisorção. O modelo de difusão intrapartículas indicou uma relação linear (R2 = 0,99), sugerindo que a difusão nos poros é um passo limitante no processo global de adsorção.

2.2.1 Introdução e revisão da literatura:

O aumento dos efluentes de águas residuais pode ser considerado como um resultado direto da produção de corantes, bem como uma consequência da sua utilização em muitas indústrias têxteis, de impressão e de curtumes [43]. Os corantes são geralmente de origem sintética com estruturas moleculares aromáticas complexas, o que os torna muito estáveis, resistentes ao desbotamento e difíceis de biodegradar [44]. O corante é um composto orgânico colorido, ionizante e aromático que apresenta uma afinidade com o substrato ao qual está a ser aplicado. É geralmente aplicado como uma solução aquosa ou à base de óleo e requer um mordente para melhorar a solidez do material em que é aplicado. Os corantes têm muitas variações funcionais, como ácidos, básicos, dispersos, azo, complexos metálicos e outros. Uma vez que estes corantes são altamente tóxicos por natureza, os efluentes que os contêm devem ser submetidos a um tratamento adequado antes de serem eliminados no ambiente. Mais uma vez, as águas residuais que contêm estes corantes não só obstruem a penetração da luz, diminuem a fotossíntese nas plantas aquáticas, como também aumentam a COD, o que cria muitos problemas para a vida aquática. Os corantes podem causar dermatite alérgica, irritação da pele, cancro e mutações. No cenário global, existem anualmente mais de mil variedades de corantes e pigmentos comerciais e são produzidas mais de 735 toneladas de corantes sintéticos. A partir do relatório do inquérito, verificou-se que cerca de 10-15% dos corantes se perdem nos efluentes durante os processos de tingimento [45]. Os principais problemas associados aos efluentes coloridos são a diminuição da penetração da luz, a fotossíntese e os danos à natureza estética da superfície da água [46]. Muitos corantes orgânicos são prejudiciais à vida humana, aos animais e aos microorganismos. Nos últimos dias, tornou-se obrigatório remover estes resíduos de corantes antes da sua libertação em massas de água naturais. Foram adoptados vários métodos físicos, químicos e biológicos, como a adsorção, o tratamento eletroquímico, a coagulação, a precipitação, a extração por solventes, a filtração por membranas e o processo de oxidação avançada, para remover corantes e outros contaminantes de numerosas fontes de águas residuais [47,48,49]. Poucos destes processos são eficazes quando a concentração de corante no efluente é pequena/traço. Alguns deles produzem grandes quantidades de lamas que causam problemas de eliminação, aumentando assim os custos operacionais. Contudo, nos últimos anos, as técnicas de adsorção para o tratamento de águas residuais têm sido amplamente aceites e praticadas pelos investigadores, devido à sua eficiência e estabilidade em comparação com os métodos biológicos [50-53].

Embora existam muitos estudos, a aplicação de partículas de óxido metálico no tratamento de águas residuais é assustadora no contexto da remoção de corantes, pelo que se tornou uma área de investigação interessante [54-61]. Atualmente, foram comunicados vários estudos de investigação que consideram as partículas de óxido metálico como um adsorvente adequado. As partículas de óxidos metálicos de transição têm sido amplamente escolhidas devido ao seu excelente desempenho como materiais avançados nos domínios do ambiente, da energia e da adsorção. Estes óxidos metálicos têm várias estruturas geométricas que, por sua vez, conduzem a diferentes propriedades químicas e electrónicas. De entre o grande número de óxidos metálicos presentes na natureza, alguns são os mais úteis devido às suas aplicações na vida quotidiana no domínio da ciência e da tecnologia. As propriedades físico-químicas dos óxidos metálicos têm especial relevância na química e estão sobretudo relacionadas com a utilização industrial de óxidos como sensores, cerâmicas, adsorventes e catalisadores.

Entre muitos óxidos metálicos, as partículas de dióxido de titânio (TiO_2) têm mostrado um maior potencial para a adsorção de corantes tóxicos devido às suas propriedades físicas e químicas de superfície. A sua estrutura cristalina pode variar consoante a disposição dos átomos de TiO2. Além disso, actua como um semicondutor promissor que está amplamente envolvido na remoção de vários conteúdos orgânicos tóxicos através da adsorção e do processo foto catalítico devido à estabilidade da sua estrutura química, biocompatibilidade, forte poder oxidante, não toxicidade e baixo custo dos precursores metálicos. Neste estudo [56], as partículas de TiO2 foram utilizadas para a remoção de Eriochrome black-T (EBT), que é principalmente utilizado para tingir seda, lã, nylon multifibras, etc., apesar de outras exigências químicas. No entanto, este corante é perigoso enquanto tal e os seus produtos de degradação, como a naftaquinona, são ainda mais cancerígenos. Uma pesquisa bibliográfica mostrou que apenas alguns trabalhos abordaram a remoção do EBT [62-68]. Por conseguinte, aqui o TiO_2 é utilizado como um adsorvente eficiente e de baixo custo para remover este corante azo de uma solução aquosa. Foi investigado o efeito da concentração inicial do corante, da dose de adsorvente e do pH na eficiência de remoção e na capacidade de adsorção. Os dados experimentais de adsorção foram também aplicados aos modelos de Langmuir, Freundlich e Temkin. Os estudos cinéticos foram efectuados utilizando as equações de pseudo-primeira ordem, pseudo-segunda ordem e difusão intra-partícula.

2.2.2 Materiais e métodos

Síntese de TiO_2

O método de co-precipitação foi utilizado para sintetizar o TiO_2 . Numa reação típica, 100 ml de água destilada foram introduzidos num erlenmeyer e arrefecidos manualmente a 4oC utilizando gelo à volta do erlenmeyer com agitação contínua (400rpm). Em seguida, foram adicionados, gota a gota, 3 ml de $TiCl_4$ e a reação foi realizada cobrindo o balão com folha de alumínio durante 1 hora sob agitação constante. Posteriormente, a solução foi deixada a envelhecer durante 7 dias e a suspensão formada foi centrifugada, filtrada e seca numa estufa a 60^0 C durante a noite. Posteriormente, o pó obtido foi calcinado a 300^0 C durante 1 hora.

Procedimento experimental de adsorção

A adsorção de EBT na fase de TiO_2 foi efectuada em modo de experiências em lote, em que se utilizaram frascos Erlenmeyer de 100 ml contendo 50 ml de soluções e em que se carregou a dose desejada de TiO2 e se colocou num agitador magnético. A eficiência de adsorção do TiO2 foi examinada em função da concentração inicial do corante EBT, do adsorvente, do pH, da velocidade de agitação e da temperatura. Para estudar o equilíbrio de adsorção, o adsorvente foi equilibrado com uma quantidade definida a uma temperatura de 55oC durante períodos de tempo definidos. O adsorvente foi removido por filtração simples no final dos intervalos de tempo pré-determinados. O filtrado foi analisado quanto ao EBT residual (ou seja, não adsorvido) utilizando um espetrofotómetro UV-Vis de feixe duplo (Shimadzu, UV-1800, Japão) a 530 nm. A quantidade de corante EBT adsorvida pelo TiO_2 no equilíbrio q_e (mmol g^{-1}) e q_t (mmol g^{-1}) no tempo t foi obtida de acordo com as equações (1) e (2), respetivamente, como se segue:

$$q_e = \frac{(C_0 - C_e).V}{m} \quad (1)$$

$$q_t = \frac{(C_0 - C_t).V}{m} \quad (2)$$

Além disso, a percentagem de corante EBT adsorvido a partir de uma solução aquosa com o TiO2 foi calculada utilizando a Eq. (3):

$$\%M = \frac{(C_0 - C_t)}{C_0} \times 100 \quad (3)$$

Em que C_o e C_e ($mol.L^-$) são a concentração inicial e de equilíbrio do corante EBT na fase aquosa, respetivamente, C_t ($mol.L^{-1}$) é a concentração de EBT no tempo t; V (mL) é o volume da solução e m (g) é a massa de EBT.

2.2.3 Resultados e discussão

Difração de raios X de TiO_2

O padrão de difração de raios X (XRD) das partículas sintetizadas de TiO_2 é apresentado na Fig.1. O padrão experimental de XRD está de acordo com o cartão JCPDS n.º 76-1940. Os picos a 2θ valores $27,4^0$ (110), $36,1^0$ (101), $54,3^0$ (211) e $41,2^0$ (111) confirmam a estrutura rutilo do TiO_2 . Os espectros mostram a ausência de difracções espúrias, indicando a pureza cristalográfica. A intensidade dos picos de XRD da amostra reflecte que as partículas de TiO2 formadas são de natureza cristalina e os picos de difração largos indicam cristalitos de tamanho muito pequeno.

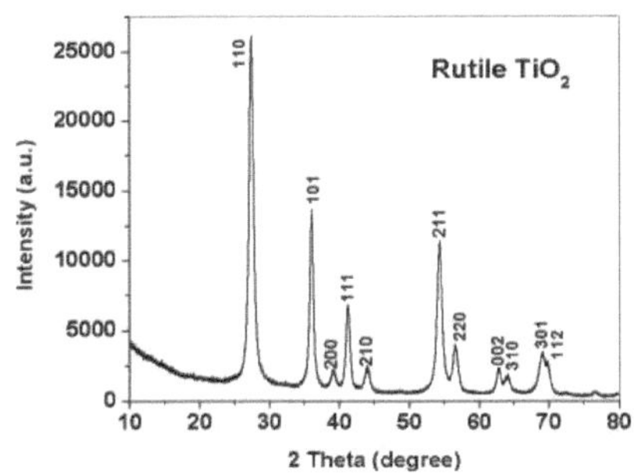

Figura 1. Padrão XRD das partículas de TiO_2 .

Estudos de adsorção:

Efeito da concentração inicial do corante:

O estudo da variação da concentração inicial do corante mostra a capacidade dos adsorventes no processo de adsorção. A Fig.2(a) mostra que a taxa de adsorção é muito rápida inicialmente, e o equilíbrio de adsorção foi alcançado em 300 min. Observou-se ainda que a % de remoção do EBT diminuiu com o aumento da concentração do corante. Como se observa na Fig.2(a), quando a concentração inicial de corante aumentou de 5 para 45 ppm, a eficiência de adsorção das partículas de TiO_2 diminuiu de 96,47% para 77,45%, respetivamente. A concentração inicial fornece uma força motriz importante que ajuda a ultrapassar todas as resistências à transferência de massa para o corante entre as fases aquosa e sólida. A razão da diminuição da eficiência de adsorção com a concentração inicial de corante pode dever-se à aglomeração do corante e à redução da mobilidade térmica dos agregados adsorvidos. Por conseguinte, uma menor concentração inicial de corante pode melhorar o processo de adsorção. Assim, a concentração inicial do corante EBT de 25 ppm é escolhida como a gama de concentração adequada para estudos experimentais subsequentes [69].

Efeito da dose de adsorvente:

A eficiência de carga de um adsorvente pode ser maximizada variando a dose de adsorvente e, por conseguinte, foi estudada a adsorção de EBT no TiO2 em função da dose de adsorvente. O efeito da dose de adsorvente das partículas de TiO2 na adsorção do corante EBT foi efectuado numa gama de 10 mg a 50 mg. Como se pode ver na Fig.2(b), a eficiência da adsorção de EBT aumentou de 79,24% para 97,85% quando a dose de adsorvente aumentou de 10 mg para 50 mg. A eficiência da adsorção aumenta com a dose de adsorvente devido ao aumento da área de superfície e à disponibilidade de mais sítios activos de adsorção. Além disso, com o aumento da dose de adsorvente para além de 50 mg, a eficiência de adsorção diminui gradualmente devido à sobreposição de sítios de adsorção em resultado da sobrelotação do adsorvente [70].

Efeito do pH:

Durante a reação de adsorção, o efeito do pH desempenha um papel importante nos locais activos da superfície do óxido metálico. O efeito do pH na adsorção de EBT nas partículas de TiO2 foi efectuado a 25 ppm de concentração inicial de corante, 20 mg de massa de adsorvente à temperatura de 328K a uma velocidade de agitação de 400 rpm até 300 min. A Fig.2(c) mostra o efeito do pH na remoção do EBT, a partir do qual se pode observar que a eficiência máxima de remoção do corante foi registada a pH 2,0. O efeito do pH na remoção do corante EBT de uma solução aquosa a um pH variável de 2,0 a 4,0. A partir dos resultados, verificou-se que a percentagem de remoção do EBT seguiu uma tendência crescente (até 94%) ao diminuir o pH da solução para 2,0 e depois diminuiu gradualmente quando o pH foi aumentado para 4,0.

Podem considerar-se dois mecanismos possíveis de adsorção do EBT no TiO_2 : (i) diminuição dos sítios carregados e (ii) aumento dos sítios carregados negativamente. Uma superfície carregada negativamente não favorece a adsorção de aniões de corantes devido à repulsão eletrostática. A presença de grupos sulfonato ($-SO_3^-$) no EBT prova que se trata de um corante aniónico e que forma uma carga negativa em solução aquosa. A uma gama de pH mais baixa, à medida que a concentração de iões H^+ aumenta e, por outro lado, o aumento da acidez da solução favorece o processo de adsorção devido à forte atração eletrostática de iões de carga oposta, como o protão, e o corante EBT, o que resulta numa forte adsorção do EBT na superfície do óxido metálico [71].

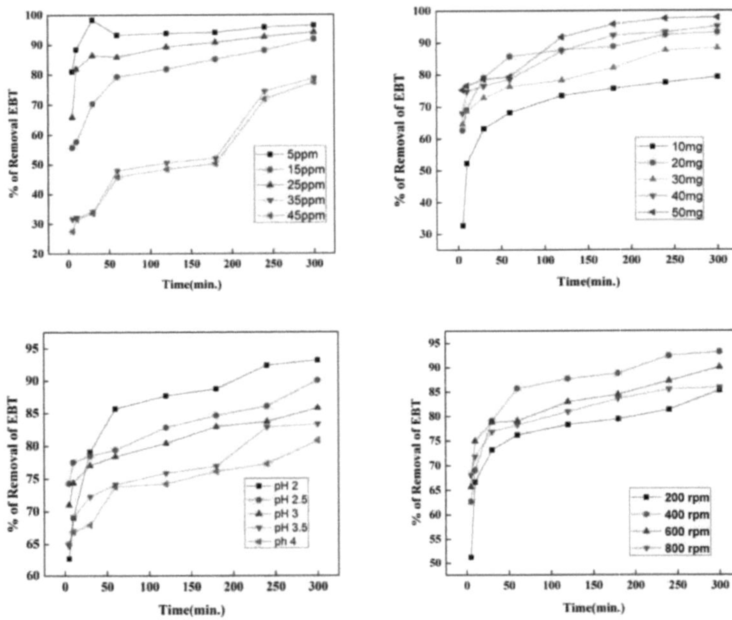

Figura 2. (a) Efeito da concentração inicial de corante (b) Efeito da dose de adsorvente (c) Efeito do pH (d) Efeito da velocidade de agitação, na adsorção de EBT em TiO_2 (condições: 20mg de TiO_2 , 25ppm de solução de corante, pH 2, velocidade de agitação 400rpm).

Efeito da velocidade de agitação:

O efeito da velocidade de agitação é um dos factores importantes que desempenham um papel fundamental no controlo do mecanismo de transferência de massa sólido-líquido, afectando simultaneamente a película exterior e a distribuição do soluto na solução a granel. Para garantir a adsorção do EBT no TiO2, foram efectuadas experiências variando a velocidade de agitação entre 200-800 rpm e um tempo de contacto variável (0 a 300 min), utilizando 20 mg de amostras, pH 2,0, temperatura de 328 K e uma concentração de 25 ppm da solução de corante. Como se mostra na Fig.2(d), a percentagem de adsorção de EBT foi maximizada a 400 rpm de velocidade de agitação em todas as gamas de concentração de EBT estudadas e, para além disso, diminui devido à baixa transferência de mASs do adsorbato para a superfície interna da partícula de TiO_2 . Por conseguinte, foram efectuadas mais experiências mantendo a velocidade de agitação a 400 rpm.

Efeito da temperatura:

A natureza do processo de adsorção, endotérmico ou exotérmico, pode ser determinada através de um estudo termodinâmico. Por conseguinte, a eficiência da adsorção do EBT no TiO_2 foi investigada na gama de temperaturas de 288-328 K, mantendo-se fixos os outros parâmetros: 20 mg de adsorvente, velocidade de agitação de 400 rpm, concentração do corante EBT de 25 ppm e pH 2,0. O gráfico da percentagem de adsorção vs. tempo a diferentes temperaturas foi apresentado na Fig.3**,** a partir do qual se observou que, com o aumento da temperatura da solução, a capacidade de adsorção do EBT aumentou. A constante de equilíbrio Kc resultante deste estudo para a adsorção foi calculada utilizando a equação (4).

$$K_c = \frac{C_{Ae}}{C_e} \quad (4)$$

Em que C_{Ae} e C_e são as concentrações de EBT na fase adsorvente (g/L) e na solução (g/L) no equilíbrio, respetivamente. A partir do gráfico da variação de temperatura, os valores de ΔG , ΔH°° e ΔS° podem ser calculados através das seguintes relações termodinâmicas nas Eqns. (5), (6) e (7).

$$\Delta G^0 = -RTLnK_c \quad (5)$$

$$\Delta G^0 = \Delta H^0 - T\Delta S^0 \quad (6)$$

$$\log K_c = \frac{\Delta S^0}{2.303R} - \frac{\Delta H^0}{2.303RT} \quad (7)$$

Em que AG° é a energia livre padrão, ΔH° e ΔS° são as variações de entalpia e entropia do processo de adsorção. O gráfico do $\log K_c$ em função de 1/T, baseado na relação de Vant Hoff de acordo com a Eq.(7), mostrou linhas rectas apresentadas na Fig.4 (b).

As constantes termodinâmicas determinadas a partir do estudo experimental parecem ser consistentes e independentes da concentração inicial de corante na solução. Os valores de ΔH° e ΔS° foram calculados a partir do declive e da interceção, respetivamente. O valor negativo de ΔG° (-12,19, - 13,67, -15,15, -16,63, -18,11 para as temperaturas de 288K, 298K, 308K, 318K e 328K para o TiO_2 , respetivamente) indica a viabilidade do processo de adsorção e a interação espontânea do ião corante com os locais activos do adsorvente. O valor negativo de ΔH° (-30,43 $kJmol^{-1}$) do TiO_2 corresponde a uma natureza exotérmica do processo de adsorção. Os valores positivos de ΔS° (0,148 Jmol K^{-1-1}) revelam o aumento da aleatoriedade da interface entre o corante e o adsorvente durante o processo de adsorção.

Estudo cinético

A cinética de adsorção do EBT em partículas de dióxido de titânio é avaliada de acordo com os modelos de pseudo-primeira ordem e pseudo-segunda ordem. Para compreender o comportamento transitório da adsorção e o seu potencial passo de controlo da taxa que realizou o transporte de massa e os processos de reação química, a cinética de adsorção foi investigada de acordo com três modelos cinéticos, ou seja, modelos de pseudo-primeira ordem, pseudo-segunda ordem e de difusão intrapartícula, como indicado nas equações (8), (9) e (10), respetivamente. A adsorção do corante EBT na fase TiO_2 pode ser facilmente explicada por dois mecanismos distintos: (a) uma ligação inicial rápida das moléculas do corante à superfície do adsorvente e (b) uma difusão intrapartícula relativamente lenta. Os modelos de primeira ordem, de pseudo-segunda ordem e de difusão intrapartícula ou filme foram aplicados para ajustar os dados resultantes das experiências de estudo cinético.

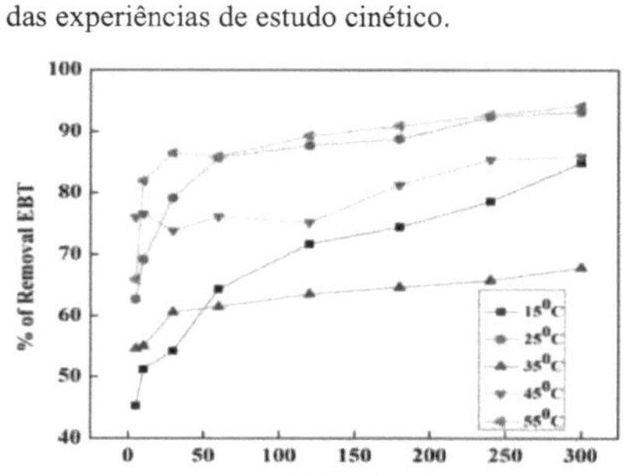

Figura 3. Efeito da temperatura na adsorção de EBT (condições: 20mg de TiO_2 , 25ppm de solução de corante, pH 2, velocidade de agitação 400rpm).

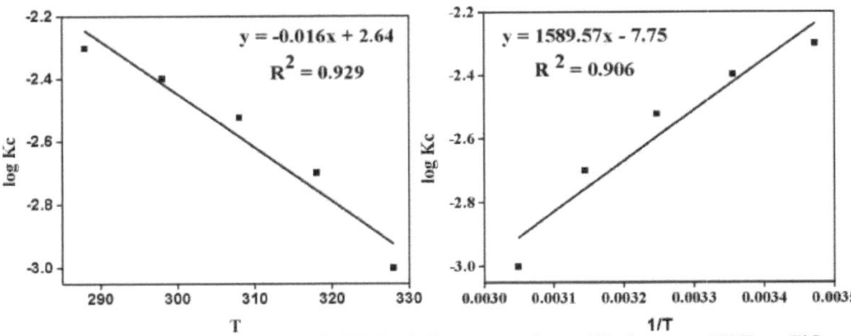

Figura 4. Efeito da temperatura na adsorção do EBT (a) Constantes de equilíbrio para o EBT no TiO_2 em função da temperatura (b) Gráfico de Van't Hoff para a troca de EBT com TiO .2

A equação de pseudo-primeira ordem, que se baseia na capacidade sólida, é apresentada na Eq. (8):

$$log\,(q_e - q_t) = log\,q_e - \left(\frac{k_1}{2.303}\right) \times t \qquad (8)$$

Em que q_e é a capacidade de adsorção de equilíbrio (mg/g), q_t é a capacidade de adsorção no tempo t (mg/g) e k1 é a constante de velocidade de pseudo-primeira ordem (min^{-1}) [72].

O modelo de pseudo-segunda ordem é representado pela Eq. (9)

$$\frac{t}{q_t} = \frac{1}{k_2 q_e^2} + \frac{t}{q_e} \qquad (9)$$

Onde k_2 é a constante de velocidade de adsorção de pseudo-segunda ordem (g/mg min) [73].

O modelo de difusão intrapartícula indica que o passo limitador da taxa é o transporte do soluto da massa da solução para os poros do adsorvente através de um processo intrapartícula [74] e a equação correspondente é dada na Eq. (10):

$$q_t = X_i + K_p t^{1/2} \qquad (10)$$

Em que k_p é a constante da taxa de difusão intrapartículas (mg/g $min^{1/2}$) e X_i é a espessura da camada limite.

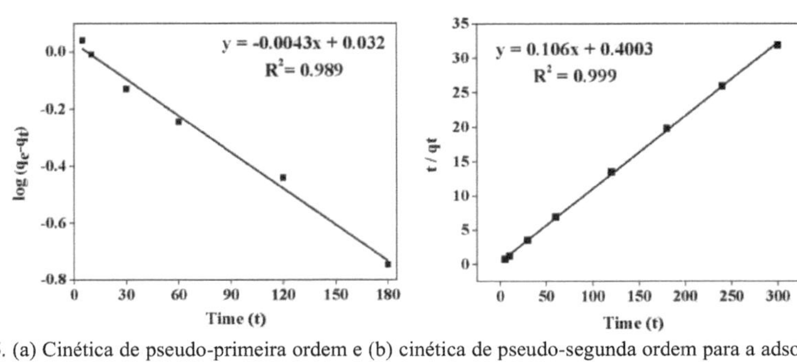

Figura 5. (a) Cinética de pseudo-primeira ordem e (b) cinética de pseudo-segunda ordem para a adsorção de EBT pelo TiO_2 (condições: 20mg de TiO_2 , 25ppm de solução de corante, pH 2, velocidade de agitação 400rpm).

Para determinar as caraterísticas do comportamento de adsorção, foi aplicado o modelo cinético de pseudo-primeira e pseudo-segunda ordem para ajustar os dados experimentais obtidos a partir de experiências de adsorção e mostrados na Fig.5(a) e (b). Os valores do coeficiente de correlação para a pseudo-primeira ordem, a pseudo-segunda ordem e a difusão intrapartícula são de $R^2 = 0,989$, $R^2 = 0,999$ e $R^2 = 0,994$, respetivamente. Além disso, verificou-se que a capacidade de adsorção de equilíbrio calculada (q_e) para o modelo cinético de pseudo-primeira ordem ($TiO_2 = 1,076$) era significativamente inferior ao valor calculado da cinética de pseudossegunda ordem de q_e ($TiO_2 = 9,434$). Assim, presumiu-se que o modelo de pseudo-segunda ordem fornece uma melhor correlação de ajuste de sorção do que o modelo de pseudo-primeira ordem para TiO_2, assegurando que a etapa limitadora da taxa pode ser do tipo quimisorção [75]. No entanto, deve notar-se que o modelo de difusão intrapartículas (na Fig.6) também demonstrou um valor R^2 elevado de 0,994, o que indica que a difusão nos poros também afecta a taxa de adsorção do EBT. No entanto, uma vez que a interceção y (x_i) não é igual a zero, isso implica que este mecanismo não limita apenas o processo global de adsorção. O passo que limita a taxa pode ser uma combinação de quimisorção e difusão intrapartícula [75].

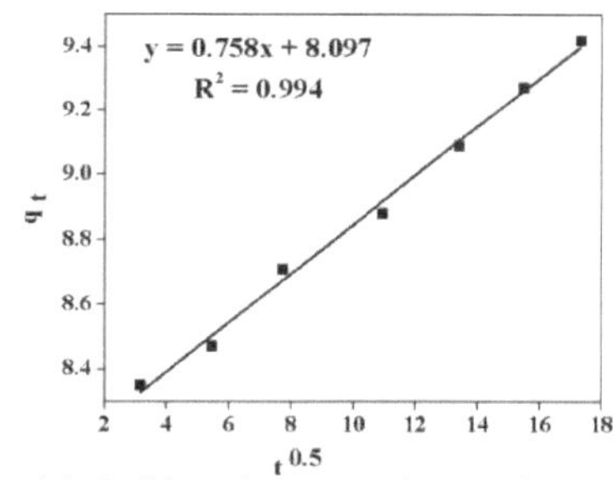

Figura 6. Resultado do ajuste do modelo de difusão intra-partícula para adsorção de EBT pelo TiO_2 (condições: 20mg de TiO_2, 25ppm de solução de corante, pH 2, velocidade de agitação 400 rpm).

Estudos de isotérmicas de adsorção

Para compreender o potencial de adsorção entre o adsorvente e o adsorvato, é necessário investigar os modelos de isoterma como Langmuir, Freundlich e Temkin. Para ajustar os dados para o estudo da isotérmica de adsorção, as experiências foram realizadas variando a concentração inicial de EBT (25 ppm) a 328 K e pH 2,0 e os outros parâmetros foram: massa de adsorvente 20 mg, velocidade de agitação 400 rpm e volume de solução de 50 ml mantido constante. Como se mostra na Fig.2(a), verificou-se que a quantidade de corante EBT adsorvida por unidade de massa de material aumentou com o tempo e atingiu o valor de patamar quando os sítios activos do adsorvente ficaram saturados. Os dados de adsorção em equilíbrio de diferentes concentrações iniciais de corante foram analisados de acordo com os modelos de isoterma de Langmuir, Freundlich e Temkin [76-77], conforme indicado nas equações (11), (12) e (13), respetivamente.

$$\frac{C_e}{q_e} = \frac{1}{bq_m} + C_e\left(\frac{1}{q_m}\right) \quad (11)$$

$$\log q_e = \log k_F + \frac{1}{n}\log C_e \quad (12)$$

$$q_e = k_1 \ln k_2 + k_1 \ln C_e \quad (13)$$

Onde q_e(mg/g) é a quantidade de corante adsorvido no equilíbrio, C_e (ppm) é a concentração da solução no estado de equilíbrio do sistema, b é a constante de Langmuir (L/mg), e qm é a capacidade máxima de adsorção, kF é a constante de Freundlich (L/mg), c_e é a concentração do corante no equilíbrio ($mg.L^{-1}$), k_1 (RT/b) está relacionado com o calor de adsorção e k_2 é a constante de ligação de equilíbrio ($L.mg^{-1}$).

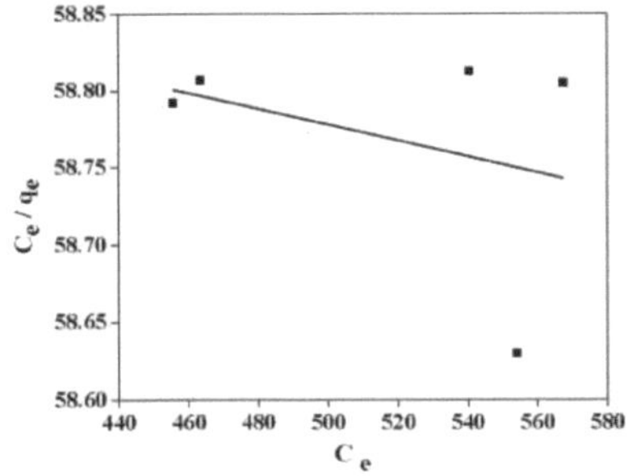

Figura 7. Gráfico da isotérmica de Langmuir para adsorção de EBT por TiO2 (condições: 20mg de TiO_2 , 25ppm de solução de corante, pH 2, velocidade de agitação 400 rpm)

As caraterísticas essenciais da isotérmica de Langmuir podem ser expressas pela constante adimensional denominada parâmetro de equilíbrio, R_L , definida pela equação (14)

$$R_L = 1/(1 + bC_0) \qquad (14)$$

Onde "b" é a constante de Langmuir e C_0 é a concentração inicial mais elevada do corante. A partir deste R_L podemos determinar o processo de isotérmica de adsorção. A isotérmica de adsorção é irreversível se $R_L = 0$, a isotérmica é favorável se $0 < R_L < 1$, linear se $R_L = 1$ ou desfavorável se $R_L > 1$. A partir da Fig.6, é evidente que o modelo da isotérmica de Langmuir não está bem ajustado, o que sugere que a superfície da partícula não é homogénea por natureza. Os dados de adsorção foram ainda interpretados ao ajustarem-se ao modelo de isoterma de Freundlich e o gráfico de log q_e vs. log C_e também mostrou linhas rectas, como se pode ver na Fig.8 para o TiO_2. Sabe-se que o valor de k_F indica a capacidade de adsorção e 1/n é a intensidade de adsorção e ambos os valores podem ser obtidos a partir do declive dos gráficos acima.

Os valores de R^2, K_F e 1/n são obtidos a partir do declive e da interceção da linha reta. A heterogeneidade da superfície de um adsorvente é representada pelo valor de 1/n, em que a adsorção é considerada favorável e heterogénea quando o valor de 1/n se situa entre 0 e 1, a adsorção é homogénea em que não há interação entre as espécies adsorvidas quando 1/n = 1 e a adsorção é desfavorável quando 1/n > 1,46. Neste caso, o valor de 1/n é 0,996; este valor implica apenas 90 % de adsorção ativa com igual nível de energia, indicando que existe a possibilidade de adsorção multicamada de EBT nos sítios heterogéneos do TiO_2.

A derivação da isotérmica de Tempkin garante que a diminuição do calor de adsorção é linear em vez de logarítmica, como implica a equação de Freundlich. O calor de adsorção de todas as moléculas na camada diminuiria linearmente com a coberturaAGe devido à interação adsorvente/adsorvato. A forma linear da isotérmica de Tempkin pode ser expressa pela equação (13). A Fig.9 apresenta um gráfico de q_e versus lnc_e e os valores das constantes k_1 e k_2 e a correlação

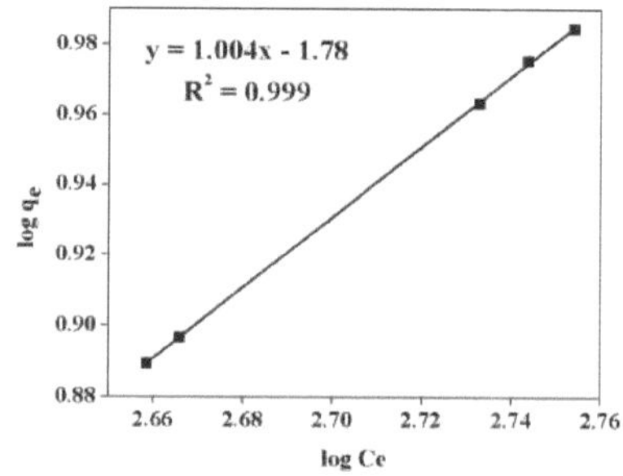

Figura 8. Gráfico da isotérmica de Freundlich para a adsorção de EBT pelo TiO_2 (condições: 20mg de TiO_2 , 25ppm de solução de corante, pH 2, velocidade de agitação 400rpm).

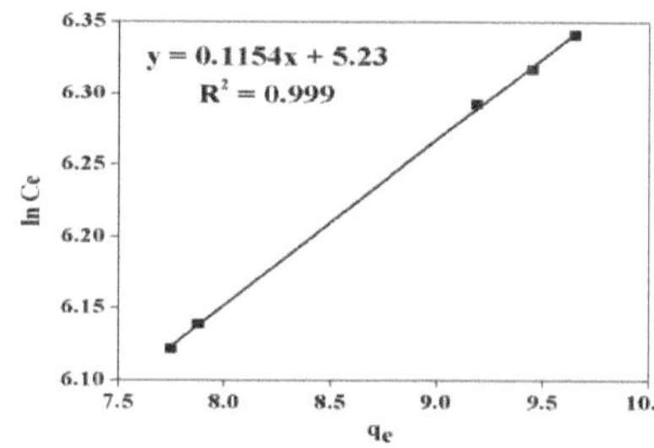

Figura 9. Gráfico da isotérmica de Temkin para a adsorção de EBT pelo TiO_2 (condições: 20mg de TiO_2 , 25ppm de solução de corante, pH 2, velocidade de agitação 400rpm)

Foram calculados os coeficientes C para Tempkin. A partir dos resultados, observou-se que o coeficiente de correlação (R^2) não se ajustou bem aos dados experimentais. Portanto, o processo de adsorção depende das estruturas químicas do corante e também dos absorventes. Comparando os resultados com os modelos de isoterma de Langmuir, Freundlich e Tempkin, verificou-se também que o valor de R^2 está próximo da unidade no caso do modelo de isoterma de Freundlich e Tempkin do TiO_2 , o que indica que o mecanismo de adsorção é regido pelo processo de quimisorção e que os resultados do presente estudo estão de acordo com a literatura [69,78,79], em que vários materiais sintéticos foram utilizados para adsorver iões de corante a partir de uma solução aquosa.

2.2.4 Resumo

A remoção de EBT das suas soluções aquosas por partículas de TiO_2 foi investigada neste estudo. Foi adotado o método de co-precipitação para sintetizar a fase rutilo das partículas de TiO2, o que foi confirmado pelo padrão de difração de raios X. As condições óptimas dos vários parâmetros de adsorção obtidos foram 25 ppm de concentração inicial de corante, 20 mg de dose de adsorvente, pH 2,0 e temperatura de 328K. Os resultados cinéticos justificam que a adsorção do EBT é de pseudo segunda ordem e do tipo quimisorção. Foram determinados parâmetros termodinâmicos como a alteração da entalpia de adsorção (ΔH^o), a entropia de adsorção (ΔS^o) e a energia livre de Gibbs (ΔG^o), o que sugere a adequação do processo de adsorção. O valor negativo de ΔH^o (-30,43 $kJmol^{-1}$) indica uma natureza exotérmica da adsorção e o valor positivo de ΔS^o (+ 0,148 Jmol K^{-1-1}) significa o aumento da aleatoriedade do corante durante a adsorção. A análise da isoterma mostrou um melhor ajuste com o modelo de Freundlich (R2=0,999) e Tempkin (R2=0,999). Os resultados acima referidos enfatizam a utilização de partículas de TiO rutilo$_2$ como um adsorvente eficaz para a purificação de água contaminada ΔS de poços ΔS de soluções aquosas de processos.

3. Adsorção de corantes orgânicos utilizando bioadsorvente

3.1 Corante violeta de metilo (catiónico) em carvão ativado

O estudo da remoção de um corante catiónico violeta de metilo (MV) é investigado utilizando um bioadsorvente ativado AS ativado PhrAGmites karka (APK). O carvão ativado (CA) derivado de PharAGamites Karka (PK) através da carbonização com H2SO4 parece ser um excelente adsorvente do que o bioadsorvente original. A otimização do processo em função do tempo de contacto (1- 300 min), da concentração de Mv, do pH, da dose de adsorvente e da temperatura foi estudada para obter uma condição de adsorção adequada. A eficiência de adsorção aumenta com o tempo, a [MV] e a dose de AC, mas diminui com o aumento/diminuição do pH (máximo em pH-6) e com o aumento da temperatura. As fases do adsorvente e/ou do sorbato foram caracterizadas por UV-VIS e FTIR para verificar o processo de adsorção. A capacidade de carga máxima do CA foi de 371 mg/g em condições ambientais. O mecanismo de adsorção foi analisado pelos resultados das isotermas de adsorção de Langmuir, Freundlich e Temkin. O valor do fator de separação (RL) da equação de Langmuir e a constante de Freundlich (n) favorecem fortemente o processo de adsorção. Os resultados dos dados termodinâmicos apoiam ainda mais o comportamento de absorção em condições experimentais normais. O valor positivo de AH e o valor negativo de AG° indicam a natureza endotérmica e a viabilidade da adsorção de MV por AC. A taxa de adsorção foi bem explicada ao interpretar os resultados do tempo de contacto em termos de cinética de adsorção. Mostrou uma tendência de pseudo-segunda ordem, o que indica uma adsorção do tipo quimisorção. O comportamento de adsorção do bio-sorvente de baixo custo AC parece ser muito eficiente e eficaz para a remoção substancial do corante catiónico wASte como o violeta de metilo da solução sintética. Outras investigações experimentais que realizam o estudo de separação do corante MV de efluentes industriais mostram resultados igualmente promissores, tal como a solução sintética foi relatada.

3.1.1 Introdução e revisão da literatura

Existe um enorme impacto sobre o ambiente devido à poluição causada por várias indústrias ao libertarem efluentes industriais e que tem vindo a aumentar de dia para dia devido à industrialização nas últimas duas décadas [80-84]. Os efluentes que contêm, especialmente, corantes orgânicos como o laranja de metilo, o violeta de metilo, o azul de metileno, o verde de malaquite, etc., são motivo de grande preocupação devido à sua contaminação direta nas águas superficiais do ambiente e tornam-se poluentes predominantes. Dado que estes corantes orgânicos são amplamente utilizados em vários sectores industriais: têxtil, papel, plásticos, couro, alimentar, farmacêutico, cosmético, corantes, alcatifa, impressão a jato de tinta, o nível de descarga de efluentes com estes corantes orgânicos é elevado [84-86]. De acordo com as estatísticas mais recentes, são gastas aproximadamente 744 toneladas de água para a produção de 1 tonelada de corante e cerca de 7 X 105 milhões de toneladas de corante são produzidas anualmente em todo o mundo [87,88]. Em consequência, em média, ~20% dos corantes perdem-se no processo de tingimento e impressão e metade é descarregada no ambiente [89-91]. Por conseguinte, a descarga de quantidades substanciais de efluentes de corantes catiónicos e aniónicos em massas de água do ambiente sem pré-tratamento constitui uma séria ameaça à vida animal e vegetal. No entanto, o teor de corantes de wASte na água constitui uma ameaça para a vida aquática, influenciando a qualidade da água, impedindo a penetração da luz solar através das massas de água e retardando as reacções fotossintéticas, pelo que o ecossistema aquático total foi altamente afetado [92-96]. Além disso, a natureza tóxica e a forte persistência dos corantes na água levam a que sejam cancerígenos e mutagénicos tanto para os seres humanos como para a vida aquática e, consequentemente, afectam os danos a longo prazo para o ambiente [97-100]. Estes corantes orgânicos de cadeia longa utilizados nas indústrias supramencionadas são sintéticos e de estrutura química complexa, o que os faz existir no ambiente durante um período de tempo prolongado devido à sua elevada estabilidade química, fotoquímica, de oxidação e biodegradação. Um dos corantes, nomeadamente o violeta de metilo, encontra-se na gama de concentrações de 100 a 300 ppm nas águas contaminadas com água, causando graves problemas ambientais. Por conseguinte, é um desafio para os investigadores remover o corante como o VM do efluente do esgoto ou da água contaminada do meio ambiente até um nível aceitável antes de o descarregar nas massas de água.

Os investigadores têm vindo a adotar vários métodos para a remoção de corantes orgânicos de resíduos de efluentes industriais, que incluem a oxidação química, a degradação fotoquímica, a degradação sonoquímica, a coagulação e floculação, a oxidação ou ozonização, a separação por membranas, os processos solares foto-Fenton e biológicos e o tratamento Fenton-biológico, a ultrafiltração micelar, as membranas de permuta iónica, a degradação eletroquímica e a adsorção [80,86,101,102]. Como é bem sabido, os processos de adsorção parecem ser altamente promissores em relação aos métodos acima referidos, devido às suas muitas vantagens, tais como a simplicidade do processo de conceção, a elevada eficiência, a relação custo-eficácia, o funcionamento sem esforço, a prevenção da poluição secundária e o custo comparativamente baixo da sua aplicação [80-87]. Os adsorventes, tais como resinas poliméricas, materiais de aço, zeólitos, cinzas volantes e materiais argilosos, estão a ser vulgarmente utilizados no processo de adsorção para a remoção destes corantes, no entanto, existe frequentemente um grande desafio no que diz respeito à eficiência da adsorção [101, 102]. A caraterística mais importante do processo seria a seleção do adsorvente com base na sua eficácia para uma maior eficiência de carga. Neste concurso, os biossorventes, tais como palha, cogumelos, caroços de azeitona, madeiras de nogueira e choupo, caroços de alperce, cascas de arroz, cascas de laranja, carvão de bambu, Ziziphus nummularia, são considerados eficientes para a remoção de corantes do tipo azul de metileno (MB), alaranjado de metilo (MV), AR 18, rodamina B, alaranjado ácido 7 e verde de bromocresol, etc., de soluções de água salgada [103-109]. Além disso, para aumentar a eficiência da carga, estes bio-adsorventes são modificados/activados por meios químicos/físicos e depois sujeitos a processos de adsorção.

A forma de carbono ativado do bioadsorvente é a mais utilizada, tendo como caraterísticas marcantes a elevada área de superfície específica, a distribuição favorável do tamanho dos poros, o elevado grau de reatividade da superfície e a natureza anfotérica, pelo que é possível a adsorção de poluentes catiónicos e aniónicos da água contaminada com água [103-110]. Assim, a presente investigação teve como objetivo produzir carvões activados de baixo custo, mais eficazes e amigos do ambiente a partir de PrAGmatis KarkAS (PK) para a remoção eficiente do verde de bromocresol da solução aquosa. São utilizados principalmente dois métodos para a produção de carvões activados, nomeadamente a ativação física e a ativação química. Recentemente, a produção de carvão ativado por método químico tem suscitado grande interesse por parte dos investigadores, uma vez que oferece várias vantagens em comparação com o método de ativação física convencional. Como nos processos de ativação física, como a carbonização e a ativação, são necessárias temperaturas elevadas e um longo período de tempo, este não é um método adequado. Por outro lado, a ativação química inclui o tratamento com diferentes produtos químicos, o que dá grandes vantagens em relação ao processo de ativação física, por exemplo, a ativação química adquire apenas um passo, temperaturas mais baixas para a pirólise, elevado rendimento, área de superfície muito elevada, etc. No entanto, o carvão ativado preparado a partir de resíduos vegetais ou de subprodutos agrícolas, tais como pó de serra, madeira, medula de banana, caroços de fruta, cascas de coco, cascas de arroz, cascas de citrinos, etc., é de grande interesse devido às suas vantagens de baixo custo (ou mesmo gratuito), facilmente acessível e amigo do ambiente [111]. Em geral, os resíduos vegetais contêm alguns grupos funcionais polares, como grupos alcoólicos, carbonílicos, carboxílicos e fenólicos, que podem proporcionar interação de carga, ligação de hidrogénio ou interação hidrofóbica com espécies contaminantes [110,111]. Com base nesta natureza, foi demonstrado em vários trabalhos [103-119] que os resíduos de plantas serviriam como adsorventes económicos e eficazes para a remoção de corantes orgânicos de resíduos. Neste estudo [119], um novo adsorvente de carvão ativado foi preparado a partir de *PhrAGmites Karka* (PK) e aplicado com sucesso para o estudo da remoção do corante catiónico MV de uma solução de efluente industrial. A visão do estudo, que inclui a preparação do sorvete, o método adotado e o estudo de otimização do processo, a cinética de adsorção, a termodinâmica, o comportamento da isoterma, o mecanismo de adsorção e a caraterização de amostras típicas no seu suporte, são categoricamente incorporados e descritos nas secções seguintes.

3.1.2 Materiais e métodos

A violeta de metilo (cloreto de tris (4-(dimetilamina) fenil) metilo) com a fórmula molecular C N H_{25330} Cl e massa molecular de 407,979 g/mol foi adquirida à Hi-media chemical reAGent Ltd. O ácido clorídrico (Fisher Scientific) e o hidróxido de sódio (Merck) utilizados nesta experiência eram todos de grau analítico (AR). As concentrações desejadas do corante MV foram preparadas recentemente numa solução de água desionizada para investigação da adsorção, assemelhando-se ao perfil de concentração do efluente de água de descarga industrial. As experiências de adsorção foram realizadas em lotes, em que 0,1 g de *PhrAGmites Karka* AS ativado como adsorvente foi agitado num Erlenmeyer de 250 ml contendo 100 ml da solução de MV sob uma incubadora de agitação termoestável (LSI- 3016R, Labtech, Coreia). Em intervalos de tempo regulares, as amostras foram retiradas e seguidas de centrifugação a 6000 rpm durante 3 min. A fase líquida separada foi submetida à leitura da concentração residual de corante da fase aquosa pelo método colorimétrico, utilizando o espetrofotómetro UV-visível (UV-1800, Shimadzu, Japão). O pH da respectiva solução foi medido utilizando um medidor de pH Systronics (μC pH system 361, Índia) e os ajustes de pH foram efectuados utilizando soluções diluídas de NaOH e HCl. A análise de infravermelhos por transformada de Fourier (FT-IR) para os *PhrAGmites Karaka* e o carvão ativado foi realizada por um espetrofotómetro FTIR (Shimadzu Co. Tóquio, Japão).

Preparação do carvão ativado (CA)

Os materiais bio-adsorventes foram recolhidos na zona do lago Chilika, em Odisha, na Índia, e primeiro lavados com água destilada para remover a sujidade e as impurezas e os materiais solúveis em água e depois secos à luz do sol. O sorvente seco foi triturado num moinho de laboratório e peneirado para obter partículas de 1-2 mm. Em seguida, a quantidade desejada de precursor foi tratada com uma quantidade exacta de ácido sulfúrico a 25% (V/V) à temperatura ambiente durante 3 h. A amostra foi então lavada várias vezes com água bidestilada e filtrada. Este ciclo foi repetido até se obter o pH neutro do filtrado (pH= 7). Depois disso, o resíduo foi seco a 100° C durante a noite e, em seguida, triturado e peneirado para obter as partículas de tamanho entre 100-150 mesh. O produto final obtido foi armazenado num recipiente fechado para testes posteriores. A quantidade de corante adsorvida pelo CA no equilíbrio q_e (mmol g^{-1}) e q_t (mmol g^{-1}) no tempo "t" foram obtidas de acordo com as equações (1) e (2), respetivamente, como se segue:

$$q_e = \frac{(C_0 - C_e).V}{m} \quad (1)$$

$$q_t = \frac{(C_0 - C_t).V}{m} \quad (2)$$

Além disso, a % de corante adsorvido de uma solução aquosa com o APK foi calculada pela Eq. (3)

$$\%M = \frac{(C_0 - C_t)}{C_0} \times 100 \quad (3)$$

Onde C_o e C_e (mol.L^{-1}) são a concentração inicial e de equilíbrio do corante em fase aquosa, respetivamente, C_t (mol.L^{-1}) representa a concentração de VM no tempo t; V (mL) é o volume da solução e m (g) é o mASs de CA seco.

3.1.2 Resultados e discussão:

Estudo de otimização do processo

A adsorção do corante catiónico MV foi examinada em função do tempo, da velocidade de agitação, das dosagens de sorbato e/ou sorvente e da temperatura para obter a condição óptima adequada, bem como para compreender o mecanismo de adsorção, tal como resumido nas secções seguintes.

Solução de corante pH:

O efeito do pH desempenha um papel vital nos locais activos da superfície do CA, bem como no grau de ionização do corante MV durante a reação de adsorção. O efeito do pH para a remoção do corante MV de uma solução aquosa a um pH variável (2-11) foi mostrado na Fig. 1(a). A partir da qual se pode observar que a eficiência máxima de remoção do corante foi observada a pH 6,0 (intervalo de pH meramente neutro). A natureza do declínio da percentagem de adsorção de MV foi observada ao aumentar o pH para além de 6,0 ou ao diminuir o pH abaixo de 6,0. As observações acima podem ser explicadas pelas seguintes razões: (i) em intervalos de pH mais baixos, a concentração do ião H^+ aumenta e, por conseguinte, o meio altamente ácido da solução impede a forte ionização do Cl^- do VM e, subsequentemente, provoca a diminuição da adsorção do VM. Por outro lado, (ii) o carregamento da forma ionizada do ião VM na fase APK foi menos pronunciado devido ao aumento do ião hidroxilo (OH^-) numa gama de pH mais elevada (para além do pH neutro). A partir da análise do ponto de carga zero (PZC), sabe-se que se o pH da solução estiver acima do ponto de carga zero, a densidade de carga negativa na superfície do carvão ativado aumenta, favorecendo assim a sorção de corantes básicos (catiónicos) como o VM. A partir dos resultados do potencial zeta obtido, estudado na faixa de pH de 2-11, observou-se que o *PrAGmatis Karka* ativado mostrou um potencial zeta relativamente negativo na faixa de pH ácido (<5,1) e o comportamento negativo da superfície do APK também foi considerado negativo mesmo até o pH de 11,0, conforme resultado do estudo do potencial zeta. A carga mais elevada de APK obtida a pH 6,0 pode ser explicada pelo estudo do potencial Zeta, uma vez que o carvão ativado apresentou uma propriedade de carga mais negativa, em consequência da qual a eficiência da carga de APK aumentou. No entanto, quando o pH da solução aumenta, embora o sítio de APK da superfície seja negativo, a eficiência de carga do APK diminui, o que pode ser causado pelo facto de o anião cloreto na MV ser trocado com o NaOH para ter uma reação de deslocamento, formando NaCl (aq) e $MV+ OH^-$ (aq).

Velocidade de agitação:

No processo de adsorção em descontínuo, factores como a velocidade de agitação controlam o mecanismo de transferência sólido-líquido do MV, afectando a película exterior e também a distribuição do soluto na solução a granel. Para garantir a adsorção de MV em APK, procedeu-se à variação da velocidade de agitação entre 50-250 rpm com tempo de contacto variável, utilizando 0,1 g de dose de APK, pH 6,0, temperatura 303 K e 100 mg/L de concentração de MV. Como se mostra na Fig.1 (b), a percentagem de adsorção de MV foi maximizada a 200 rpm de velocidade de agitação em todas as gamas de concentração de MV estudadas. A adsorção de MV aumentou com o tempo a diferentes velocidades de agitação de 31,68% para 78,36%, 35,38% para 86,71%, 39,24% para 98,19%, 43,56% para 99,99% e 52,36% para 96,78% com a velocidade de agitação correspondente de 50 rpm, 100 rpm, 150 rpm, 200 rpm e 250 rpm, respetivamente. Como consequência do estudo, pode afirmar-se que, a uma velocidade de agitação mais baixa, a película de fluido (neste caso, a solução de cASe) em torno da partícula é mais espessa e a difusão da película parece ser o passo limitador da taxa. A cinética de adsorção é influenciada pela baixa transferência de adsorbato para a superfície interna da partícula. Em contraste, a velocidades de agitação mais elevadas, a difusão da película aumenta até um valor máximo e a difusão nos poros torna-se assim o passo que controla a taxa, tal como referido pelos autores [105, 111, 112]. A partir destes resultados de adsorção, confirmou-se que a percentagem de remoção de MV para além das 200 rpm permanecia a mesma e, por conseguinte, foram efectuadas mais experiências a uma velocidade de agitação de 200 rpm.

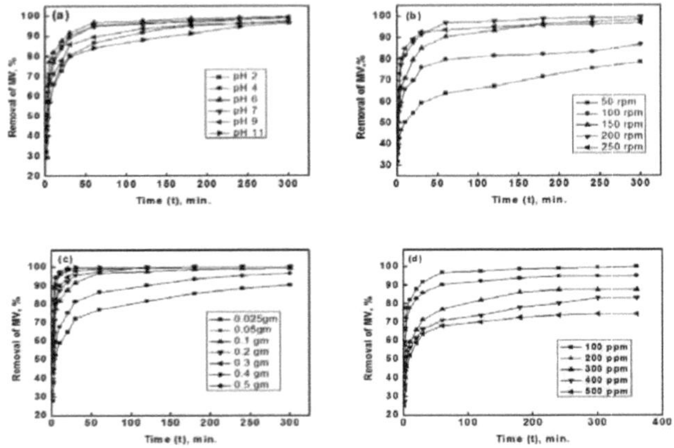

Figura 1: Efeito de, (a)pH, (b) velocidade de agitação, (c)dose de AC & (d)[MV]

Dosagem do adsorvente: Como é bem sabido, a eficiência de carga de um adsorvente pode ser maximizada variando a dose de adsorvente e, por conseguinte, a adsorção de MV no APK em função da dose de adsorvente foi estudada variando a dose de adsorvente de 0,25 a 5g/L mantendo outros parâmetros constantes; concentração de corante 100 mg/L, tempo de contacto - 5h, pH 6,0, temperatura - 303 K e velocidade de agitação de 200 rpm. A partir da Fig.1(c), verificou-se que a eficiência de adsorção aumentou de 29,64% para 99,99% com o aumento da dose de APK de 0,1 para 5,0gm e que o equilíbrio de adsorção foi atingido logo após 10 minutos de tempo de contacto com a dose mais elevada de APK (5g.). O aumento da eficiência de adsorção com uma dose mais elevada de APK pode ser causado pelo aumento dos sítios activos do APK, que aumenta em mASs de APK por unidade de volume de solução. Em consequência disso, o equilíbrio de adsorção foi atingido num período de tempo muito curto e segue uma tendência decrescente com o aumento da dose de APK [109].

Tempo de contacto e concentração do corante: O efeito do tempo de contacto no estudo da adsorção é um dos factores-chave para determinar a cinética da adsorção. Nesta investigação, o tempo de adsorção de MV na fase APK foi estudado no intervalo de 1-360 min, como se mostra na Fig. 1(d). Os outros parâmetros foram mantidos fixos: velocidade de agitação de 250 rpm, temperatura de 303 K, 100 ppm de MV e 0,1 g de dose de APK. A partir da tendência da Fig. 1(d), é claramente evidente que a adsorção de MV é elevada na fase inicial (até 60 min. do tempo de contacto) e que, para além disso, a taxa de adsorção atinge gradualmente um valor de planalto, atingindo o equilíbrio de adsorção após 240 min. de tempo. A adsorção de MV aumenta de 43,56% - 96,87% em 60 minutos e até 99,99% em 300 minutos e, posteriormente, a eficiência de adsorção permanece inalterada até 300 minutos. Esta taxa de adsorção rápida na fase inicial pode ser o resultado da disponibilidade de uma grande quantidade de sítios de superfície activos para adsorção e, após 300 minutos, o sítio de superfície dinâmico do adsorvente fica saturado devido à falta de número de sítios de superfície activos. Além disso, noutros aspectos, as moléculas de corante podem ter-se difundido nos microporos do APK, o que pode abrandar o processo de adsorção. A partir deste estudo, o equilíbrio ótimo de adsorção foi estabelecido com um tempo de contacto de 5 h., que foi mantido fixo para investigações posteriores. A concentração inicial do corante também desempenha um papel importante para conhecer a capacidade de adsorção dos adsorventes. A investigação sobre a adsorção de MV em APK foi efectuada variando as concentrações de MV de 50-500 ppm, com outros parâmetros como pH- 6,0, 0,1 gm de APK, temperatura a 303K e velocidade de agitação a 200 rpm. Verificou-se que a percentagem de adsorção de MV tem uma tendência decrescente de 99,99% para 74,31% com o aumento da concentração inicial de corante MV de 50-500 ppm, respetivamente, e os resultados são apresentados na Fig. 1(d). A observação é atribuída à falta de sítios activos disponíveis necessários para a concentração inicial elevada dos corantes e, por outro lado, os sítios de adsorção são absorvidos pelo soluto disponível mais rapidamente a uma concentração mais baixa do corante [111,112]. Além disso, os dados de adsorção resultantes deste estudo foram interpretados enquanto se estudavam diferentes isotérmicas de adsorção, tal como referido nas secções 3.7.

Estudo termodinâmico: A eficiência de adsorção do VM no APK foi estudada a diferentes temperaturas (25 a 80^0 C) para determinar as condições termodinâmicas e a natureza do processo de sorção como endotérmico ou exotérmico. O gráfico da percentagem de adsorção em relação ao tempo a diferentes temperaturas é apresentado na Fig.2 e a partir do qual se observou que, com o aumento da temperatura da solução, a capacidade de adsorção do APK diminui, o que confirma a favorabilidade de um tipo de processo exotérmico. A constante de equilíbrio Kc deste estudo para a adsorção foi calculada utilizando a Eq. 4

$$K_c = \frac{C_{Ae}}{C_e} \qquad (4)$$

Onde C_{Ae} e C_e são as concentrações de MV na fase APK (g/L) e na solução (g/L) no equilíbrio, respetivamente. Como se mostra na Fig. 3(a), o valor de Kc aumentou com o aumento da temperatura de 293 para 333 K. A capacidade de carga de equilíbrio do corante aumentou de 0,32 para 0,41 mg/g com o aumento do valor das temperaturas de 293K para 333K, correspondendo a uma concentração inicial de corante de 100ppm. Os valores de ΔG^o , ΔH^o e ΔS^o podem ser calculados seguindo as relações termodinâmicas nas Eqs. (5), (6) e (7).

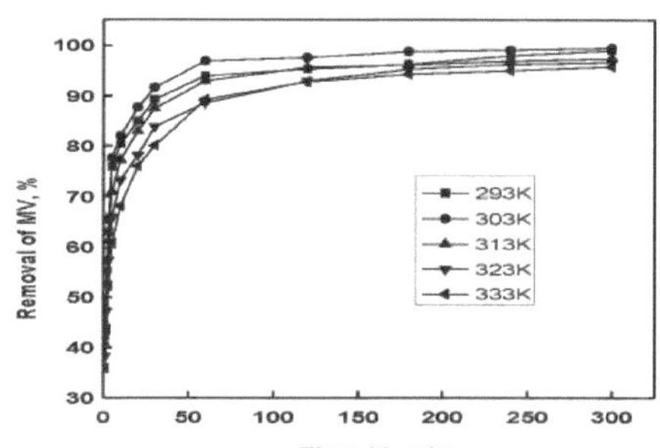

Figura 2: Efeito da temperatura na adsorção de MV

$$\Delta G^o = -RTLn\ K_c \qquad (5)$$

$$\Delta G^o = \Delta H^0 - T\Delta S^0 \qquad (6)$$

$$\log K_c = \frac{\Delta S^0}{2.303R} - \frac{\Delta H^0}{2.303RT} \qquad (7)$$

Em que AG^o é a energia livre padrão, ΔH^o e ΔS^o são as variações de entalpia e entropia do processo de adsorção. A correlação termodinâmica da constante de velocidade Kc com a energia livre padrão (AG^o) foi descrita nas Eq. (5) e (6). O gráfico do $\log K_c$ vs 1/T, baseado na relação de Van't Hoff (5), foi apresentado na Eq. (7), que mostra uma tendência linear, como se mostra na Fig. 3(b). Os valores de ΔH^o e ΔS^o foram calculados a partir do declive e da interceção, respetivamente, e apresentados em

Tabela 1: Parâmetros termodinâmicos da adsorção de APK em diferentes concentrações iniciais de corante MV

Initial dye concentration (g/L)	Temperature, K	ΔG^0, kJ mol^{-1}	ΔH^0, kJ mol^{-1}	ΔS^0, J $mol^{-1}K^{-1}$
	293	-2.78		
	303	-2.70		
100 ppm	313	-2.63	4.90	7.25
	323	-2.56		
	333	-2.49		

Tabela 1. As constantes termodinâmicas determinadas a partir do estudo experimental parecem ser consistentes e independentes da concentração inicial do corante na solução. O valor negativo de ΔG^o indica a viabilidade do processo de adsorção e a interação espontânea do ião corante com os locais activos do APK. Os valores positivos de ΔH^o (+4,9 kJ mol^{-1}) correspondem a uma natureza endotérmica do processo de adsorção e os valores positivos de ΔS^o (7,25 J mol K^{-1-1}) revelam o aumento da aleatoriedade da interface entre o corante e a APK durante o processo de adsorção, apoiado pela literatura [113-116].

Estudo da cinética de adsorção: Para compreender o comportamento transitório da adsorção e o seu potencial passo de controlo da taxa que realiza os processos de transporte e de reação química do mASs, a cinética de adsorção foi investigada de acordo com três modelos cinéticos, tais como: modelo de pseudo-primeira ordem, modelo de pseudo-segunda ordem e modelos de difusão intra-partícula apresentados nas equações (8), (9) e (10). Em geral, a adsorção do corante MV na superfície do APK pode ser explicada por dois mecanismos plausíveis: (i) uma ligação inicial rápida do adsorvato à superfície do adsorvente e (ii) uma difusão intra-partícula relativamente lenta e estagnada com o aumento do tempo de contacto.

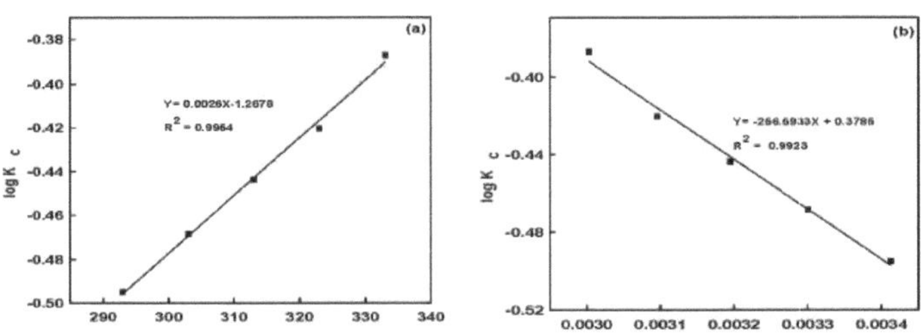

Figura 3: Efeito da temperatura na adsorção de MV (a) Constantes de equilíbrio para MV em APK em função da temperatura (b) Gráfico de Van't Hoff para a troca de MV com APK

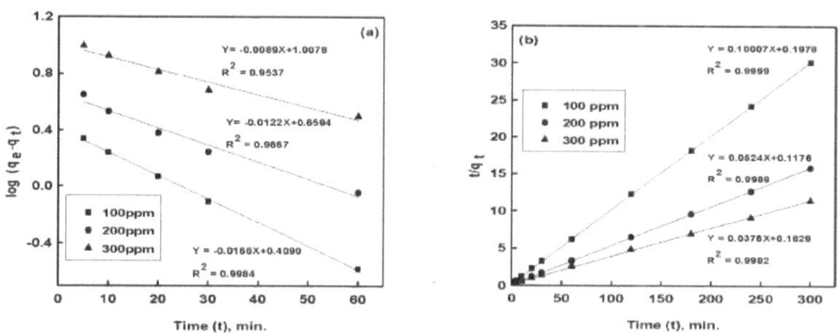

Figura.4 (a) Cinética de pseudo-primeira ordem e (b) cinética de pseudo-segunda ordem para a adsorção de MV por APK

$$\log(q_e - q_t) = \log q_e - \left(\frac{k_1}{2.303}\right).t \qquad (8)$$

$$\frac{t}{q_t} = \frac{1}{k_2 q_e^2} + \frac{t}{q_e} \qquad (9)$$

$$q_t = X_i + k_p t^{1/2} \qquad (10)$$

Em que q_e e q_t são as quantidades de MV adsorvidas (mg/g) no equilíbrio e no tempo t (min), respetivamente, k_1 e k_2 é a constante de velocidade de pseudo-primeira ordem e pseudo-segunda ordem é a constante de velocidade de adsorção (s'1) e k_p (mg/g. min '05) é a constante de velocidade de difusão intra-partícula e Xi é a interceção.

Para compreender as caraterísticas do comportamento de adsorção, foi aplicado o modelo cinético de pseudo-primeira e pseudo-segunda ordem para ajustar os dados experimentais obtidos da experiência de adsorção e mostrados na Fig. 4(a) e Fig. 4(b). Os resultados dos dados cinéticos para a remoção de MV utilizando CA foram tabulados na Tabela 2. A partir deste resultado, verificou-se que os valores de R^2 para o modelo cinético de pseudo-segunda ordem parecem mais próximos de 1 do que o modelo cinético de pseudo-primeira ordem, indicando que os dados da experiência se ajustam ao modelo cinético de pseudo-segunda ordem.

A partir dos resultados da tabela, verificou-se que as capacidades de adsorção em equilíbrio calculadas (q_e) para o modelo cinético de pseudo-primeira ordem eram significativamente inferiores aos valores experimentais, enquanto que no caso do modelo cinético de pseudo-segunda ordem o valor calculado de qe se assemelha mais ao valor experimental. Assim, presumiu-se que o modelo de pseudo-segunda ordem fornece uma melhor correlação de ajuste de sorção do que o modelo de pseudo-primeira ordem, sugerindo que a etapa limitadora da taxa pode ser do tipo de sorção química [95,117].

Após a adsorção, existe a possibilidade de difusão da partícula na superfície do adsorvente. Para confirmar os mecanismos de difusão e as etapas de controlo da taxa que afectam o processo de adsorção, foi utilizado o modelo de difusão de transferência de MASs intra-partículas de Weber e Morris para investigar o processo de adsorção, como indicado na equação (10).

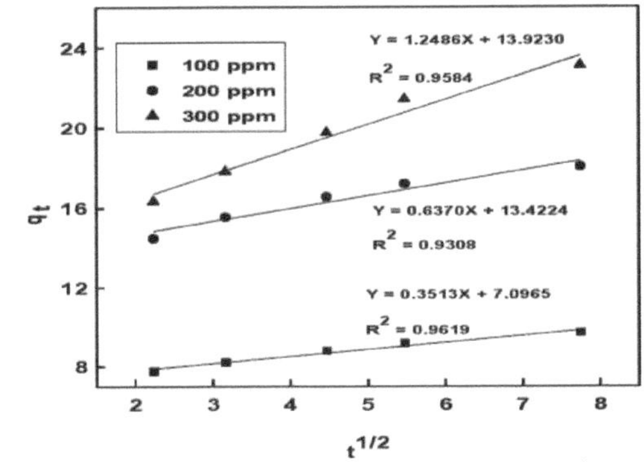

Figura 5 Resultado do ajuste do modelo de difusão intra-partícula para a adsorção de MV por APK

Geralmente, a taxa de adsorção é controlada por difusão externa ou interna, ou ambas, mas para determinar a etapa de controlo da taxa real envolvida no processo de sorção de MV, o q_t AGainst $t^{1/2}$ foi traçado de acordo com a equação de difusão intrapartícula e mostrado na Fig.5. Os resultados cinéticos correspondentes também estão listados na Tabela-2. Observou-se também que a regressão de q_t versus $t^{1/2}$ foi linear e os gráficos não passam pela origem, o que indica que a difusão intra-partícula não é a única etapa que controla a taxa e a transferência externa de gás pode também ser significativa na etapa de controlo da taxa devido às grandes intercepções da parte linear dos gráficos. Assim, o processo global de adsorção pode ser controlado conjuntamente pela transferência externa de mASs e pela difusão intrapartícula, e a difusão intrapartícula desempenhou um papel predominante no controlo do processo de adsorção [80-85].

Tabela 2: Parâmetros cinéticos para a adsorção de MV com APK em diferentes concentrações iniciais

Initial MV dye concentration, mg/L	100	200	300
q_e exp (mg/g)	9.99	18.96	26.27
Pseudo first order model			
k_1	0.0382	0.0281	0.0205
q_e cal (mg/g)	2.56	4.57	10.18
R^2	0.9988	0.975	0.9653
Pseudo second order model			
K_2	0.0506	0.0234	0.0077
q_e cal (mg/g)	9.99	19.05	26.59
R^2	0.9999	0.9989	0.9973
Intra particle diffusion model			
k_p	0.3514	0.6317	1.2487
R^2	0.9715	0.9482	0.9688

Isotérmica de adsorção: A partir da investigação da isotérmica de adsorção, a distribuição da molécula de adsorvato entre a fase líquida e a fase sólida e a obtenção do estado de equilíbrio de adsorção podem ser facilmente derivadas. Para estabelecer o mecanismo de adsorção de MV no APK em diferentes concentrações iniciais de MV (de 0,05 a 0,5 g/L), os dados experimentais resultantes deste estudo foram aplicados para se ajustarem às três isotérmicas; equações de Langmuir, Freundlich e Temkin.

Durante o estudo, outros parâmetros experimentais foram mantidos fixos: massa de APK 0,1 g, velocidade de agitação 200 rpm, pH 6,0 e temperatura 303 K. Como se mostra na Fig. 1(d), a quantidade de corante MV adsorvida por unidade de massa de APK aumentou com o tempo e atingiu o valor de patamar quando os sítios activos do APK ficaram saturados. Os dados de adsorção em equilíbrio de diferentes concentrações iniciais de corante foram analisados de acordo com os modelos de isoterma de Langmuir, Freundlich e Temkin [83-87], como indicado nas Eqs. (11), (12) e (13), respetivamente.

$$\frac{C_e}{q_e} = \frac{1}{bq_m} + C_e(\frac{1}{q_m}) \qquad (11)$$

$$\log q_e = \log K_F + \frac{1}{n} \log C_e \qquad (12)$$

$$q_e = k_1 ln k_2 + k_1 lnc_e \qquad (13)$$

Onde q_e é a quantidade de corante adsorvido no equilíbrio (mg/g), Ce é a concentração da solução no estado de equilíbrio do sistema (ppm), b é a constante de Langmuir (L/mg), e q_m é a capacidade máxima de adsorção, K_F é a constante de Freundlich (L/mg), c_e = concentração do corante no equilíbrio (mg.L^{-1}), k1 (RT/b) está relacionado com o calor de adsorção e k_2 é a constante de ligação de equilíbrio (L.mg^{-1}). A partir do modelo de isoterma de adsorção de Langmuir, os valores de R^2 , q_m e b foram determinados a partir do declive e da interceção da linha reta de um gráfico de C /q_{ee} vs C_e apresentado na Fig.6, e os resultados são apresentados na Tabela-3. A partir da Fig.6, verificou-se que o coeficiente de correlação (R^2) se ajustava aos dados experimentais no caso do modelo da isoterma de Langmuir (Tabela 3). Isto também sugere que todos os sítios de adsorção têm energia equivalente.

A caraterística essencial da isotérmica de Langmuir pode ser expressa pela constante adimensional denominada parâmetro de equilíbrio, RL, definida por

$$R_L = 1/(1 + bC_0) \qquad (14)$$

em que "b" é a constante de Langmuir e C0 é a concentração inicial mais elevada do corante. A partir deste R_L podemos determinar o processo de isotérmica de adsorção. A isotérmica de adsorção é irreversível se RL=0, a isotérmica é favorável se 0 < RL < 1, linear se RL = 1 ou desfavorável se RL > 1. Os valores de RL para a adsorção do corante MV no APK foram calculados e foram encontrados como sendo 0.9994, 0,9989, 0,9985, 0,9980 e 0,9975 para as concentrações de corante MV de 100 ppm, 200 ppm, 300 ppm, 400 ppm e 500 ppm, respetivamente, à temperatura de 303K, indicando que a adsorção de MV na fase APK é favorável [83-87].

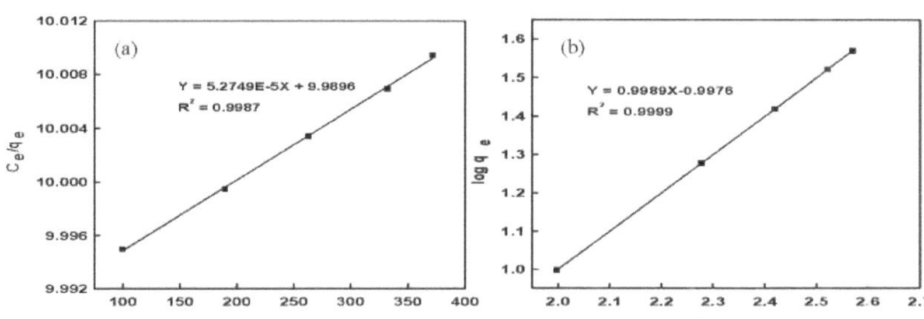

Figura 6: Gráfico da isotérmica de Langmuir (a) e Freundlich (b) para a adsorção de MV por APK

Os dados de adsorção foram ainda interpretados ao ajustarem-se ao modelo de isoterma de Freundlich e o gráfico de log q_e vs. log C_e também mostrou linhas rectas, como se pode ver na Fig.7. Sabe-se que o valor de Kf indica a capacidade de adsorção e que 1/n é a intensidade de adsorção e que ambos os valores podem ser obtidos a partir do declive do gráfico acima. Os valores de R^2 , KF e 1/n obtidos a partir do declive e da interceção da linha reta são também apresentados no Quadro 3. De acordo com os dados de adsorção na Tabela-3, o modelo de isoterma de Freundlich também se ajusta bem (R^2 = 0,99) aos dados de adsorção, tendo $n > 1$, indicando uma adsorção favorável. A heterogeneidade da superfície de um adsorvente é representada pelo valor de $1/n$, em que a adsorção é considerada favorável e heterogénea quando o valor de $1/n$ se situa entre 0 e 1, a adsorção é homogénea em que não há interação entre as espécies adsorvidas quando $1/n = 1$ e a adsorção é desfavorável quando $1/n > 1$.46 Neste cASe, o valor de $1/n$ é 0,99; este valor implica que apenas 90% dos locais de adsorção activos têm o mesmo nível de energia, indicando que existe a possibilidade de adsorção multicamada de MV nos locais heterogéneos do APK [118].

Tabela 3: Parâmetros das isotermas de Langmuir, Freundlich e Temkin para a adsorção do corante MV com APK à temperatura de 303K

	Langmuir isotherm			Freundlich isotherm			Temkin isotherm	
Temp., K	q_m, $mmol.g^{-1}$	b, $mmol^{-1}$	R^2	n	k_F	R^2	K_1	K_2
303	20000	5.005E-06	0.99	1.0	0.1005	0.99	0.0476	4.19E+38

A derivação da isotérmica de Tempkin assegura que a queda no calor de adsorção é linear em vez de logarítmica, tal como está implícito na equação de Freundlich. A Fig. 7 mostra um gráfico de qe versus lnce wAS, e os valores das constantes k_1 e k_2 e os coeficientes de correlação para Temkin wAS são calculados e apresentados no Quadro 3. A partir deste estudo de isoterma, o coeficiente de correlação (R^2) encontrado não se ajustou bem aos dados experimentais, o que revelou que o processo de adsorção depende das estruturas químicas do corante e também dos absorventes. Comparando os resultados com os modelos de isoterma de Langmuir, Freundlich e Tempkin, verificou-se que os valores de R^2 são próximos da unidade no caso do modelo de isoterma de Freundlich, o que indica que o mecanismo de adsorção é regido pelo processo de fisiossorção [109,119].

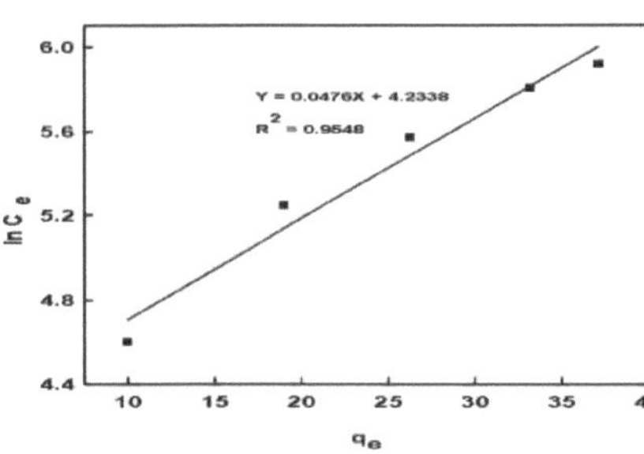

Figura 7: Gráfico da isotérmica de Temkin para a adsorção de MV por APK

Caracterização do sorvente e do sorbato típicos por espetrofotometria FT-IR e UV-VIS

A análise FT-IR dos PhrAGmites KarkAS activados antes da adsorção e após a adsorção é apresentada na Fig.9 (a). A maior deslocação dos picos antes e depois da adsorção deve-se à formação de ligações coordenadas entre o corante MV e o APK. As principais alterações no pico são observadas na região entre 2300 e 2400 cm^{-1} , correspondendo a um estiramento simétrico e assimétrico do sal de amina terciária do VM. O pico observado a 1364 cm^{-1} deve-se à presença do estiramento C-N do grupo aromático da amina terciária. Além disso, a deslocação do pico de 1706 cm^{-1} e 1617 cm^{-1} para 1585 cm^{-1} mostra uma forte interação do grupo C=O com o grupo amina terciária, enquanto estas frequências estavam ausentes no cASe do adsorvente antes da adsorção, o que sugere que o MV foi adsorvido pelo adsorvente APK. O pico comum encontrado em ambos os cASes a 1424 cm^{-1} deve-se à flexão simétrica de CH_3 , e a banda que aparece a 2854 cm^{-1} e 2923 cm^{-1} pode ser devida ao estiramento assimétrico dos grupos CH_3 e uma banda larga em torno de 3420 cm^{-1} devido ao grupo OH ligado para APK. Além disso, o estudo de caraterização UV-VIS da MV antes e depois da adsorção com APK foi efectuado na gama de 200-800 nm e os resultados são apresentados na Fig.8 (b). As caraterísticas dos picos de absorção em diferentes momentos das amostras aquosas que contêm MV após a adsorção revelaram um perfil de concentração decrescente de MV com o aumento do tempo de adsorção, o que também é indicado pela alteração do perfil de cor do corante de violeta para incolor, como se pode ver na figura 8 (b).

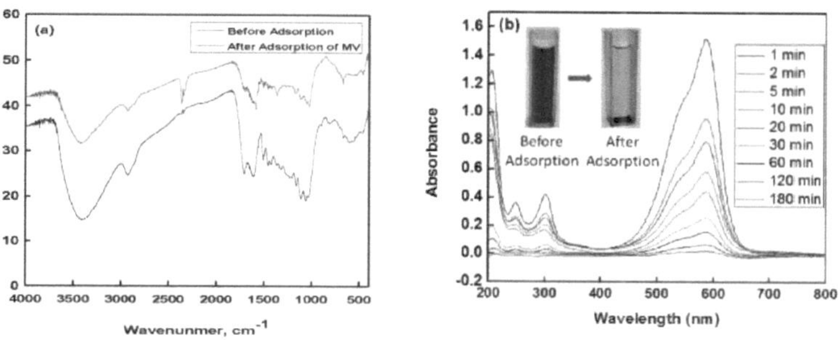

Figura 9: (a) FTIR da APK antes da adsorção e da APK carregada com MV após a adsorção e (b) resultados da análise espetral UV-visível sobre a adsorção de MV pela APK e uma vista do processo de adsorção e da solução de corante MV antes da adsorção e após a adsorção de MV pela APK

Estudo do comportamento de sorção do corante MV com água de processo

A adsorção de MV foi efectuada utilizando a amostra de origem como uma água de resíduos industriais com 82 mg/L de MV juntamente com outros vestígios de corantes orgânicos com pH 6,8. As restantes condições experimentais foram mantidas fixas, como a velocidade de agitação: 200 rpm, a temperatura: 30° C, a dose de APK: 0,1 g, o tempo de contacto: 180 meses, o volume da solução de efluente da água: 100 ml (resultado do estudo acima, no qual a amostra de origem foi utilizada como solução sintética). Este estudo foi realizado para verificar e investigar a viabilidade da adoção do APK para a remoção de MV da amostra de água de processo/efluente industrial real. A investigação da adsorção de MV foi examinada em triplicado e os resultados foram apresentados na Tabela. 4 que indicam que quase todo o conteúdo de MV foi removido (99,99% de adsorção) e deixando < 0,01 mg/L de MV na amostra de refinado. Estes resultados mostraram a potencial aplicação da APK como um adsorvente eficaz e adequado para a remoção quantitativa de corantes catiónicos como o violeta de metilo de amostras de efluentes de águas residuais industriais.

3.1.3 Resumo

O carvão ativado (CA) obtido a partir do bioadsorvente *PhrAGmites karka* é aplicado exclusivamente para o estudo da remoção do corante catiónico MV de uma solução aquosa sintética do processo AS bem como do processo AS. Os resultados do estudo cinético, termodinâmico e isotérmico deste estudo são consistentes. O processo e o mecanismo de adsorção são estabelecidos através desta investigação. O equilíbrio de adsorção foi atingido após 300 minutos de tempo de contacto, assegurando a quantidade razoável de tempo decorrido no processo. A partir deste estudo, a adsorção óptima de MV resulta numa gama de pH neutro, indicando o processo de adoção adequado para o tratamento direto de efluentes industriais. A capacidade de carga de MV é aumentada ao máximo até 371 mg/g. Os dados termodinâmicos são racionais e favorecem o processo. O bioadsorvente ativado mostra-se promissor na remoção eficaz de corantes catiónicos como o MV de soluções sintéticas/processuais. Isto ilustra a aplicação abrangente da CA para a separação de outros corantes orgânicos catiónicos de efluentes industriais ou de águas contaminadas com corantes.

3.2 Corante verde de bromocresol (aniónico) em carvão ativado

Noutro estudo, o carvão ativado obtido a partir do bioadsorvente PharAGamites Karka (PK) foi utilizado para a adsorção do corante aniónico verde de bromocresol (BCG). O bioadsorvente foi ativado durante a carbonização com H2SO4 para produzir PharAGamites Karka activada (APK), que se revelou um material adequado com uma natureza altamente porosa. Por conseguinte, a alteração do comportamento da superfície do bioadsorvente modificado (AC) revelou uma excelente caraterística saliente para a adoção do estudo de remoção do BCG como adsorvente AS. O comportamento e as condições de adsorção foram estabelecidos com base nos resultados do estudo de otimização do processo. A adsorção de BCG foi eficiente na gama de pH ácido e os resultados do estudo de caraterização de amostras típicas por UV-VIS e FTIR garantiram o processo de adsorção. Os modelos de isoterma de adsorção, como Langmuir, Freundlich e Tempkins, foram ajustados aos dados experimentais resultantes e os resultados mostraram o melhor ajuste com a isoterma de Freundlich, com uma capacidade de carga máxima de BCG de 392,3 mg/g. O modelo de pseudo-segunda ordem mostrou um melhor ajuste do que o modelo de pseudo-primeira ordem para a adsorção de BCG em AC phASe, como ficou evidente nos resultados cinéticos. A adsorção de BCG foi endotérmica por natureza, o que é confirmado pelo valor positivo de AH AS resultante da investigação termodinâmica. Globalmente, o CA parece ser um bio-sorvente adequado e de baixo custo para a remoção eficaz do corante aniónico AS BCG do meio aquoso.

3.2.1 Introdução e revisão da literatura

A utilização de corantes orgânicos é extensa devido às suas numerosas aplicações em vários produtos domésticos e industriais. Estes corantes são produzidos basicamente em vários sectores industriais, tais como têxteis, plásticos, borracha, couro, papel, cosméticos e alimentos [120-122]. Após a utilização substancial do corante, alguma quantidade de corante é perdida durante o processo de produção, que aparentemente é descarregada como um efluente industrial. Estes efluentes são contaminados no subsolo e noutras massas de água do ambiente, causando sérias ameaças à vida animal e vegetal. Por outro lado, estima-se que 15 a 20% do custo de produção do corante é perdido sob a forma de efluentes, de acordo com as estimativas do Banco Mundial [123]. De um modo geral, os corantes são de vários tipos, em função da sua natureza química, e são classificados em três categorias diferentes, de acordo com a sua dissociação numa solução aquosa, como os corantes aniónicos (corantes ácidos, diretos e reactivos), catiónicos (corantes básicos) e não iónicos (corantes dispersos) [124]. Os corantes normalmente utilizados nas indústrias acima referidas são sintéticos e têm uma estrutura química complexa, o que faz com que permaneçam no ambiente durante um longo período de tempo devido à sua elevada estabilidade à luz, à oxidação e à biodegradação. Por conseguinte, é uma tarefa difícil para os investigadores recuperar ou remover os corantes dos recursos aquosos ambientais.

As águas residuais são de cores diferentes devido à presença de várias moléculas de corante que descarregadas no sistema aquoso promovem a eutrofização e também afectam o processo fotossintético no ecossistema aquático devido à redução da penetração da luz [125,126]. No entanto, alguns corantes, nomeadamente os corantes azóicos, que constituem 60-70% do total de corantes comerciais, quando se decompõem produzem cerca de 20 tipos de aminas aromáticas cancerígenas [127,128]. O que provoca a alteração da estrutura do ADN dos animais, induzindo também lesões e cancro. Um desses corantes, nomeadamente o verde de bromocresol (BCG) (2,6-dibromo-4-[7-(3,5-dibromo-4-hidroxi-2-metil-fenil)-9,9-dioxo-8-oxa-9X6 tiabiciclo[4.3.0]nona-1,3,5-trien-7-il]-3-metil-fenol) é uma família de trifenilmetanos (aniónicos) geralmente utilizada como indicador de pH e como marcador de ADN para eletroforese em gel de agarose [129]. Por outro lado, é também utilizado na indústria têxtil para fins de tingimento. Em meio ácido, permanece como um sólido castanho claro, enquanto em pH alcalino (sal de sódio) é um sólido verde escuro. Tal como outros corantes, também foi considerado um contaminante do ambiente, especialmente devido à sua propriedade de mudança de cor com diferentes níveis de pH da água, uma vez que, em solução aquosa, se dissocia na forma monoaniónica (pKa de 4,8) e adquire cor amarela e, a um pH mais elevado, muda para a forma dianiónica (cor azul) [129]. Por conseguinte, é essencial investigar a remoção de corantes das águas contaminadas com resíduos antes de serem descarregadas em massas de água naturais não poluídas. Muitos investigadores têm investigado e adotado diferentes técnicas para a remoção de corantes da água contaminada com água. De acordo com o grau de poluição, foram aplicadas muitas abordagens físicas/químicas/biológicas para a remoção de corantes de águas contaminadas com água [124, 130-135].

Estão a ser adoptadas numerosas metodologias de separação para a remoção de corantes, incluindo a coagulação-floculação, a filtração por membrana, a oxidação foto-catalítica, os tratamentos biológicos e o processo de adsorção. Cada uma das técnicas acima referidas tem algumas vantagens e desvantagens. Para ultrapassar vários problemas, tais como a remoção incompleta do referido corante, a utilização de reagentes de elevado custo e a produção de lamas tóxicas ou de outros produtos residuais, bem como os elevados custos de funcionamento destes processos, um método eficaz como a adsorção parece ser promissor e amigo do ambiente. Além disso, a adsorção é uma das tecnologias mais atractivas devido ao seu elevado grau de eficiência, à sua relação custo-eficácia, à simplicidade do processo de conceção e à facilidade de utilização, em alternativa aos métodos convencionais acima descritos.

O processo de adsorção é também muito familiar porque não produz quaisquer substâncias nocivas após a adsorção, bem como a disponibilidade de uma vasta gama de adsorventes. No entanto, a eficiência da adsorção com vários adsorventes constitui um grande desafio. A seleção do adsorvente torna-se vital no contexto da sua eficácia para uma maior eficiência de carga. Os bioadsorventes, tais como caroços de azeitona [125], madeiras de nogueira e choupo [126], caroços de alperce [136], cascas de arroz [137], cascas de laranja [138], carvão de bambu [139], Ziziphus nummularia [140], etc., parecem ser promissores, tendo sido utilizados com êxito para a remoção de vários corantes, nomeadamente azul de metileno (MB) e alaranjado de metilo (MO), AR 18, rodamina B, alaranjado ácido 7 e verde de bromocresol. No entanto, os adsorventes acima referidos, aplicados tal como estão, parecem ser menos eficazes, pelo que estão também a ser modificados/activados por meios químicos/físicos para melhorar a eficiência da adsorção [141]. No entanto, a forma de carvão ativado é a mais utilizada devido à sua elevada eficiência, devido à elevada área de superfície específica, à distribuição favorável do tamanho dos poros, ao elevado grau de reatividade da superfície e à natureza anfotérica, razão pela qual é possível a adsorção de poluentes catiónicos e aniónicos da água contaminada com água [141-143]. Existem vários carvões activados disponíveis no mercado como adsorventes para a remoção de corantes. Têm uma eficiência elevada, mas também um custo elevado, porque são preparados a partir de materiais de base não renováveis e também dispendiosos, como materiais lignocelulósicos e carvão [144]. Assim, a presente investigação teve como objetivo produzir carvões activados de baixo custo, mais eficazes e amigos do ambiente a partir de PK para a remoção eficiente do verde de bromocresol da solução aquosa.

Existem dois métodos comuns utilizados para a produção de CA, como a ativação física e a ativação química. Recentemente, a produção de carvão ativado por método químico tem suscitado grande interesse por parte dos investigadores, uma vez que oferece várias vantagens em comparação com o método de ativação física convencional. A ativação química inclui o tratamento com diferentes produtos químicos, o que dá grandes vantagens em relação ao processo de ativação física, por exemplo, a ativação química adquire apenas um passo, temperaturas mais baixas para a pirólise, um rendimento elevado, uma área de superfície muito elevada, etc. No entanto, o carvão ativado preparado a partir de resíduos vegetais ou subprodutos agrícolas, tais como pó de serra, madeira, medula de banana, caroços de fruta, cascas de coco, cascas de arroz, cascas de citrinos, etc., é de grande interesse devido às suas vantagens de baixo custo (ou mesmo gratuito), facilmente acessível e amigo do ambiente [129]. Em geral, os resíduos vegetais contêm alguns grupos funcionais polares, como grupos alcoólicos, carboxílicos e fenólicos, que podem proporcionar interação de carga, ligação de hidrogénio ou interação hidrofóbica com espécies contaminantes [129, 145]. Com base nesta natureza, foi demonstrado em vários trabalhos [136-151] que os resíduos vegetais podem servir como adsorventes económicos e eficazes para a remoção de metais pesados, corantes, compostos fenólicos, etc. Assim, com a ideia básica acima referida, foi preparado um novo adsorvente de baixo custo, o carvão ativado (CA), a partir do bioadsorvente *PhrAGmites Karka*, por método químico, e adotado com êxito para a remoção de BCG do meio aquoso [152]. Os resultados cinéticos, termodinâmicos e isotérmicos do processo de adsorção foram exclusivamente estudados e analisados para estabelecer o mecanismo de sorção do corante aniónico com o carvão ativado.

3.2.2 Materiais e método

Nesta investigação experimental, o corante Bromo Cresol Green (BCG) era do tipo aniónico com fórmula molecular $C\ H_{1214}\ Br_{4\ O5S}$ e massa molecular 698,05, tendo sido adquirido à Hi-media chemical reagent Ltd. O ácido clorídrico (Fisher Scientific) e o hidróxido de sódio (Merck) utilizados nesta experiência eram todos de qualidade analítica. A solução-mãe de BCG e as diluições subsequentes para a preparação da mesma foram preparadas com água bidestilada. O restante procedimento experimental do estudo de adsorção e análise do corante foi seguido de acordo com a secção de materiais e métodos acima referida (conforme indicado na secção ....).

A quantidade de corante adsorvida pelo CA no equilíbrio q_e (mmol g^{-1}), e q_t (mmol g^{-1}) no tempo "t" foram obtidas de acordo com as equações (1) e (2), respetivamente, como se segue:

$$q_e = \frac{(C_0 - C_e).V}{m} \quad (1)$$

$$q_t = \frac{(C_0 - C_t).V}{m} \quad (2)$$

Além disso, a % de corante adsorvido da solução aquosa com o CA é calculada pela Eq. (3)

$$\%M = \frac{(C_0 - C_t)}{C_0} \times 100 \quad (3)$$

Onde C_o e C_e (mol.L) são a concentração inicial e de equilíbrio do corante na fase aquosa, respetivamente, C_t (mol.L^{-1}) representa a concentração de VM no tempo t; V (mL) é o volume da solução e m (g) é a massa de CA seco.

3.2.3 Resultados e discussão

Estudo de adsorção do BCG utilizando AC

Foram investigados os factores operacionais (pH, velocidade de agitação, temperatura, dose de sorbato e/ou sorvente e concentração do corante BCG) que afectam a sorção do corante aniónico BCG. Após o estudo de otimização do processo, os dados resultantes são interpretados de modo a garantir a termodinâmica, a cinética e o mecanismo de transferência de mASs, como se indica a seguir.

Efeito do tempo e da velocidade de agitação: O efeito do tempo de contacto para o estudo da adsorção de BCG é um fator importante que ilustra a capacidade de adsorção do adsorvente, bem como estabelece a cinética de adsorção. A adsorção de BCG foi estudada utilizando 0,1 g de CA de PK em 100 ml de solução aquosa contendo 100 mg/L de BCG, variando o tempo de contacto de 0 a 360 minutos, mantendo fixos os restantes parâmetros: velocidade de agitação 250 rpm, temperatura 303 K e pH 0,5. Como se mostra na Fig.1, a adsorção de BCG no tempo de contacto inicial foi elevada devido à disponibilidade de mais sítios activos na superfície do adsorvente e a concentração da solução também foi elevada, o que conduz a uma força eletrostática forte de interação do BCG aniónico com o APK. O equilíbrio de adsorção do BCG no APK foi atingido aos 300 minutos de tempo de contacto e, para além disso, foi atingido o valor de patamar. Por conseguinte, o tempo de contacto de 300 minutos foi mantido fixo para estudos experimentais posteriores. É sabido que, no processo de adsorção, a taxa de adsorção é controlada por difusão de película ou difusão de poros, dependendo do grau de agitação do sistema de partículas fluidas. A uma velocidade de agitação mais baixa, a película de fluido à volta da partícula é mais espessa e a difusão da película parece ser o passo limitador da taxa. A cinética de adsorção é influenciada pela baixa transferência de mASs do adsorbato para a superfície interna da partícula. Em contraste, a velocidades de agitação mais elevadas, a difusão da película aumenta até atingir um valor máximo e a difusão nos poros torna-se assim o passo que controla a taxa [124, 129, 136]. Nesta investigação, a influência da velocidade de agitação na adsorção do corante BCG foi efectuada no intervalo de 50-250 rpm utilizando 0,1 g de APK com uma solução de volume 100ml, temperatura 303K e 100mg/L de concentração de BCG. A partir da Fig.1, assegurou-se que a percentagem de adsorção de BCG aumentou de 60,61% para 99,99% com o aumento da velocidade de agitação de 50-250 e, depois disso, manteve-se igual. Além disso, a eficiência de adsorção do BCG seguiu uma tendência crescente até 300 min. de tempo de contacto na gama de velocidades de agitação acima estudada. A partir deste resultado, assegurou-se que a percentagem de remoção de BCG a 250 rpm era máxima e foi mantida fixa para outras experiências.

pH da solução: O efeito do pH é um fator muito importante no processo de adsorção, uma vez que a variação do pH leva à variação do grau de ionização e dissociação da molécula de adsorvato, que é muito provavelmente influenciada pelas propriedades da superfície do adsorvente. A remoção de BCG foi estudada em função do pH a uma concentração definida (100ppm) de corante utilizando 0,1 g de *PhrAGamites Karka.* O efeito do pH na remoção do corante BCG de uma solução aquosa a vários pH de solução é mostrado na Fig.2. A partir dos resultados, pode ver-se que a remoção máxima do corante BCG foi observada a pH 0,5 e em condições alcalinas e neutras, a alteração do pH inicial não teve um efeito significativo na adsorção do BCG na APK. A adsorção do BCG foi favorecida pela redução do pH da solução, o que pode ser devido à ionização do BCG para produzir a sua forma aniónica e levar a um aumento da interação eletrostática com o local do adsorvente [124, 129]. À medida que o pH do sistema aumenta, o número de locais de ligação carregados negativamente aumenta e, devido à repulsão eletrostática, a superfície carregada negativamente dos adsorventes não adsorve o corante aniónico BCG [126, 146-148].

Dose de adsorvente: A quantidade de dosagens de adsorvente variou de 0,05 a 1,0 g, sendo os outros parâmetros: concentração do corante 100 mg/L, pH= 0,5, tempo de contacto-5h, temperatura-303 K, velocidade de agitação de 250 rpm e volume da solução: 100 ml. Como mostra a Fig.3, a adsorção de BCG aumentou de 52,12 para 99,9% com o aumento da dose de resina (0,05 a 1 g). Como se pode ver nos resultados acima, há um aumento da eficiência de adsorção com o aumento da dose de APK e, além disso, a taxa de adsorção também aumentou significativamente com o aumento da quantidade de sorvente (APK). A melhoria da eficiência de adsorção com uma dose mais elevada de adsorvente pode ser causada pelo aumento dos sítios activos do APK, que ficam disponíveis com o aumento dos mASs de APK por unidade de volume de solução [149, 150]. Em consequência disso, o equilíbrio de adsorção foi atingido num curto espaço de tempo.

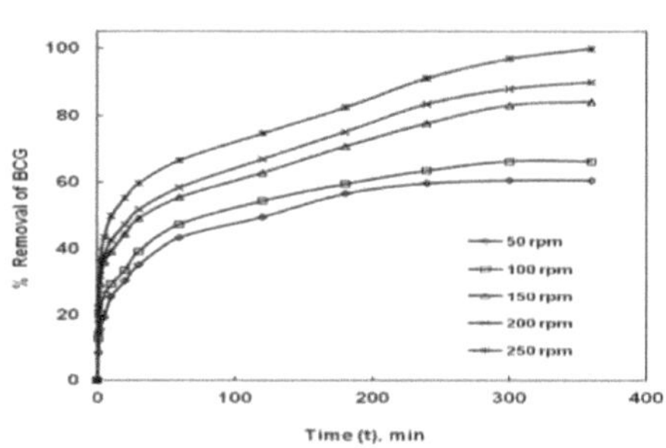

Figura. 1: Efeito da velocidade de agitação na adsorção de BCG

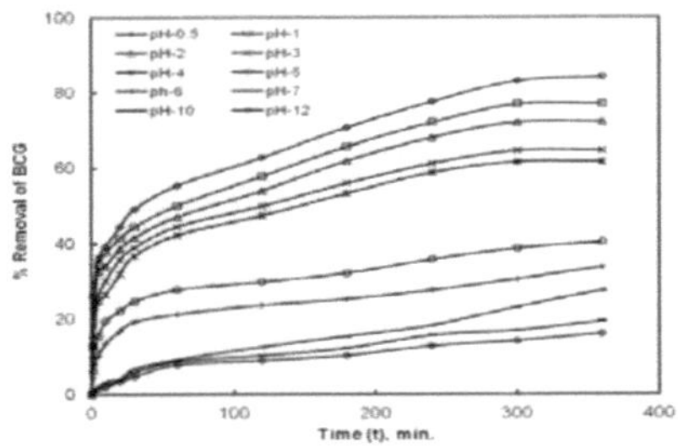

Figura 2: Efeito do pH na adsorção de BCG

Concentração de BCG: A concentração inicial do corante também desempenha um papel importante para conhecer a capacidade de adsorção dos adsorventes. A investigação sobre a adsorção de BCG em APK foi efectuada variando as concentrações de BCG de 50 - 500ppm, sendo os outros parâmetros: pH da solução - 0,5, dose de adsorvente - 0,1g, temperatura: 303 K e velocidade de agitação: 250 rpm. As percentagens de adsorção do BCG apresentaram uma tendência decrescente de 99,99% para 78,46% com o aumento da concentração inicial do corante de 50-500 ppm, respetivamente, e os resultados são apresentados na Fig. 4. A observação atribui-se à falta de sítios activos disponíveis necessários para a elevada concentração inicial dos corantes e, por outro lado, os sítios de adsorção são absorvidos pelo soluto disponível mais rapidamente a uma concentração mais baixa do corante [150]. Além disso, os dados de adsorção resultantes deste estudo foram interpretados enquanto se estudavam diferentes isotérmicas de adsorção, conforme discutido em secções posteriores.

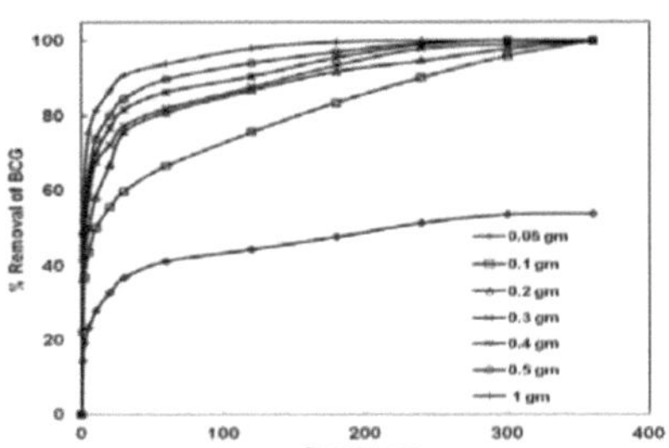

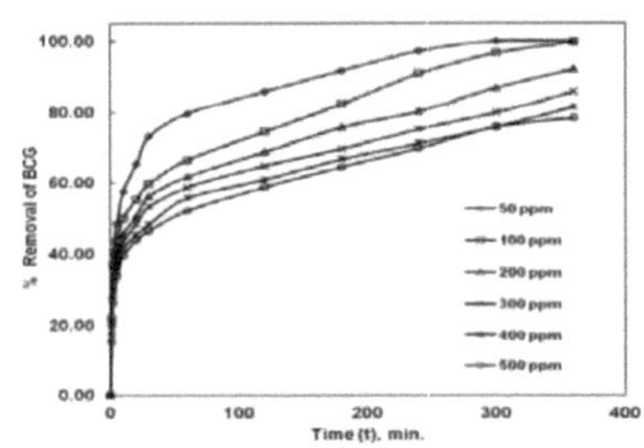

Figura 3 Efeito das doses de adsorvente **Figura 4** Efeito da concentração inicial de corante

Investigação termodinâmica: O efeito da temperatura na adsorção é um dos parâmetros-chave, especialmente para determinar as condições termodinâmicas do processo de adsorção, de modo a conhecer a natureza da adsorção, se o processo de adsorção de corantes é endotérmico ou exotérmico. No entanto, em estudos práticos, a maioria dos efluentes de corantes têxteis é descarregada a temperaturas relativamente elevadas, que seriam diretamente utilizadas para estudos de remoção. Neste estudo, o efeito da temperatura na adsorção de BCG foi investigado a uma gama de temperaturas variáveis de 293-333 K. onde outros parâmetros foram mantidos fixos; o MAS do adsorvente foi de 0,1 g, a velocidade de agitação foi de 250 rpm, a concentração inicial de corante foi de 100 mg/L e o pH da solução foi constante. A partir da Fig.5, observou-se que, ao aumentar a temperatura da solução, a capacidade de adsorção e a taxa de adsorção com APK aumentam. A taxa de adsorção com o aumento da temperatura foi mais pronunciada em 30 minutos de tempo de contacto e, a partir daí, manteve-se estável. A continuação da tendência de aumento da adsorção de BCG com o aumento da temperatura pode dever-se (i) à mobilidade do

Initial dye concentration (mg/L)	Temperature, K	ΔG^0, kJ mol^{-1}	ΔH^0, kJ mol^{-1}	ΔS^0, J mol^{-1}K^{-1}
100	293 303 313 323 333	-4.8 -5.04 -5.29 -5.54 -5.79	2.49	24.87

Tabela 1. Resultados termodinâmicos da adsorção do corante BCG pelo APK

O processo de adsorção em qualquer interface entre duas fases pode ser considerado como um processo de equilíbrio, o que sugere que o processo de adsorção é endotérmico por natureza e foi confirmado pelo valor de ΔH resultante do processo de adsorção, que é o resultado de um processo de equilíbrio. O processo de adsorção em qualquer interface entre duas fases pode ser considerado como um processo de equilíbrio, o que sugere que o processo de adsorção é endotérmico por natureza e foi confirmado pelo valor de ΔH°, conforme descrito abaixo[5,10,17].

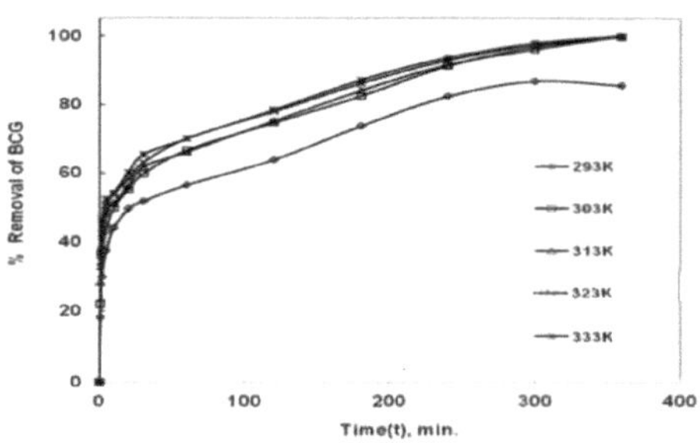

Figura 5: Efeito da temperatura na adsorção de BCG.

A adsorção entre duas fases pode ser considerada como um processo de equilíbrio em qualquer condição.
A constante de equilíbrio Kc para a adsorção foi calculada utilizando a Eq. 4.

$$K_c = \frac{C_{Ae}}{C_e} \qquad (4)$$

em que C_{Ae} e C_e são as concentrações de BCG na fase adsorvente (g/L) e na solução (g/L) em equilíbrio. Como se pode ver na Fig. 6 (a) e na Fig. 6 (b), o valor de Kc diminui com o aumento da temperatura de 293 para 333 K. Os valores de ΔG , ΔH°° e ΔS° podem ser calculados seguindo as relações termodinâmicas das Eqs. (5), (6) e (7) (como indicado na secção anterior). O gráfico do log Kc em função de 1/T, baseado na relação de Vant Hoff, como indicado na Eq. (7), resultou em linhas rectas, como se mostra na Fig.6 (a).

O valor de ΔH° e de ΔS° foram calculados a partir do declive e da interceção, respetivamente, e apresentados na Tabela 1. As constantes termodinâmicas determinadas a partir do estudo experimental parecem ser consistentes e independentes da concentração inicial de corante na solução. O valor negativo de ΔG° indica a viabilidade do processo de adsorção e a interação espontânea do ião corante com os locais activos do adsorvente. O valor positivo de ΔH° (+2,49) corresponde a uma natureza endotérmica do processo de adsorção e os valores positivos de ΔS° (+24,87) revelam o aumento da aleatoriedade da interface do corante e do adsorvente durante o processo de adsorção [120,124,140, 151].

Estudo cinético: A taxa de adsorção do BCG no APK e o mecanismo podem ser estabelecidos com base nos resultados do estudo cinético. De um modo geral, a adsorção do corante na superfície sólida pode ser explicada por dois mecanismos distintos: (1) Uma ligação inicial rápida das moléculas de corante na

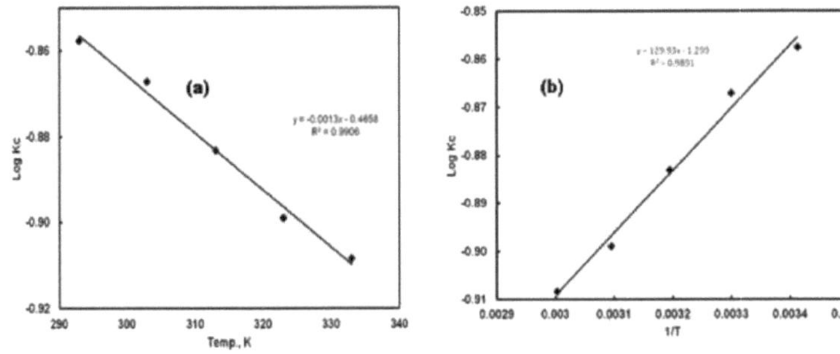

Figura. 6.Efeito da temperatura na adsorção do corante BCG pelo APK, (a) Constantes de equilíbrio do BCG no APK em função da temperatura (b) Gráfico de Van't Hoff para a troca de BCG com APK.

superfície do adsorvente, e (2) difusão intrapartícula relativamente lenta. Para analisar a cinética de adsorção do corante, os modelos de primeira ordem, de pseudo-segunda ordem e de difusão intrapartícula ou filme foram aplicados aos dados obtidos nas experiências. [126, 136, 149].

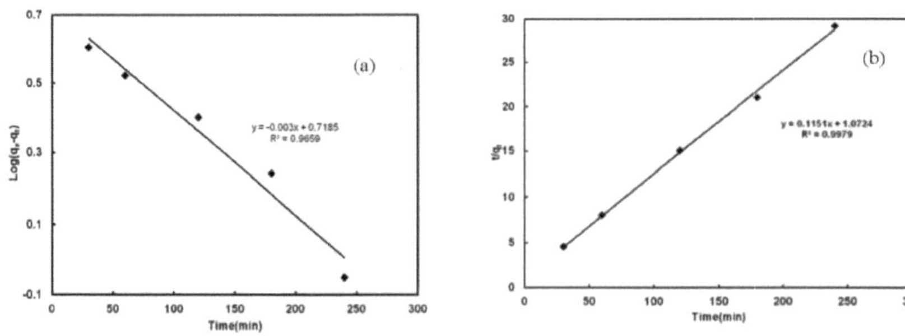

Figura 7. Cinética de pseudo-primeira ordem (a) e de pseudo-segunda ordem (b) para a adsorção de BCG

O gráfico de log(q -q_{et}) versus "t" mostrado na Fig.7(a), dá uma relação linear a partir da qual k_1 e qe podem ser determinados a partir do declive e da interceção, respetivamente. Os valores do coeficiente de correlação R^2 , qe e a constante de velocidade k1 são apresentados no Quadro 2. A partir desta tabela, verificou-se que os valores calculados de q_e eram significativamente inferiores aos valores experimentais, o que indica que a adsorção do BCG no APK não é uma reação de primeira ordem (Eq.9 da secção anterior).

A validade da cinética de segunda ordem pode ser avaliada se o gráfico de t/qt em função de t (min) apresentar uma relação linear, como se mostra na Fig.8. Os valores do declive (q_e), da interceção (k_2) e do coeficiente de correlação (R^2) foram calculados utilizando a linha reta do gráfico e também são apresentados na Tabela-2. Os valores calculados de qe da reação de pseudo-segunda ordem estão em concordância razoável com os valores experimentais de q_e da Fig.7(b), listados na Tabela-2. A partir dos dados analíticos acima, presumiu-se que o modelo de pseudo-segunda ordem fornece uma melhor correlação de adsorção do que o modelo de pseudo-primeira ordem, sugerindo que a etapa limitadora da taxa pode ser do tipo de sorção química [140].

Difusão intra-partícula: Além disso, o processo de adsorção não ocorre apenas na superfície externa do APK, mas também pode difundir-se na sua camada porosa interna. Assim, a difusão intra-partícula pode ser explicada utilizando a equação do modelo de Weber-Morris [136] sobre a taxa de adsorção do corante BCG com APK AS descrita pela Eq. (10). Para estudar o efeito do modelo de difusão intra-partícula na nossa experiência, os dados experimentais resultantes do gráfico q_t vs $t^{\cdot 05}$ wAS são apresentados na Fig.8, em que a linha reta indica o controlo da adsorção por difusão intra-partícula do corante BCG dentro dos poros do APK para os locais de adsorção. A partir do declive do gráfico, os valores de kp foram calculados e apresentados na Tabela-2.

Tabela 2. Resultados cinéticos da adsorção de BCG com APK

q_e exp (mg/g)	9.99
Pseudo first order model	
k_1	0.007
q_e cal (mg/g)	5.23
R^2	0.9659
Pseudo second order model	
K_2	0.2349
q_e cal (mg/g)	11.814
R^2	0.9979
Intra particle diffusion model	
k_p	0.3122
R^2	0.9942

Mecanismo de adsorção

Os resultados cinéticos da forma para a adsorção de BCG a partir da solução de água sintética utilizando APK parecem seguir uma tendência crescente com o aumento do tempo de contacto e observou-se também que o processo de adsorção foi muito rápido no período inicial de tempo de contacto e depois atingiu o nível com o aumento do tempo de contacto até 500 min. de tempo de contacto. Por conseguinte, o mecanismo de adsorção para a remoção do corante pode ser explicado considerando alguns pressupostos, tais como

- Migração do corante da fase de solução para a superfície do material adsorvente.
- Difusão do corante através da camada limite até à superfície do adsorvente.
- Adsorção do corante num sítio ativo da superfície do adsorvente e também
- Difusão intra-partícula do corante nos poros interiores da partícula adsorvente.

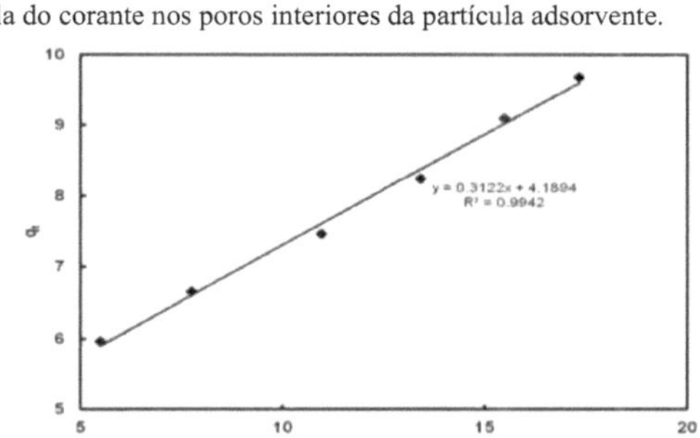

Figura. 8. Resultado do ajuste do modelo de difusão intra-partícula para adsorção de BCG por AC

A taxa do processo de adsorção depende principalmente da resistência da camada limite da molécula adsorvente. Com o aumento do tempo de contacto, a resistência da camada limite diminui, o que leva a um aumento da mobilidade das moléculas de corante. Assim, a taxa de absorção do corante nos sítios activos do adsorvente é regida principalmente pela transferência de mASs da fase líquida ou pela difusão através da camada limite ou pela transferência de mASs intra-partícula [136]. Além disso, o mecanismo de adsorção acima descrito foi apoiado pela alteração do padrão de caraterísticas dos espectros devido ao BCG antes e depois da adsorção através do estudo UV-VIS e dos resultados da caraterização FT-IR do APK, BCG e BCG carregado com APK, como se refere a seguir.

Caracterização das amostras por espetrofotometria FT-IR e UV-VIS

A análise FT-IR foi realizada utilizando o espetrofotómetro FTIR SHIMAZDU, IRAffinity-1S na região de 400-4000 cm^{-1} . O espetro FT-IR da *PhrAGmites Karka* e da *PhrAGmites Karka* activada foi apresentado na Fig.9 (a). Este APK foi utilizado para a adsorção de BCG e mostrou várias bandas de absorção para os vários grupos funcionais correspondentes, que são responsáveis pela ligação da molécula de corante. O pico observado a 1743 cm^{-1} é devido a v(C=O), e o pico a 1605 cm^{-1} é devido ao estiramento de v(C=C) que pode ser atribuído à ligação aromática v(C-C) que foi observada tanto para o BCG como para o APK adsorvido com BCG. O pico encontrado a 1424 cm^{-1} é devido à flexão simétrica de CH_3 , e a banda que aparece a 2854 cm^{-1} e 2924 cm^{-1} pode ser devida aos grupos CHO para APK.

Observa-se uma deslocação do pico de absorção de 1200 (para o BCG) para 1150 cm^{-1} para a APK carregada com BCG, o que corresponde ao v(S=O) do grupo $-SO^{-}_{3}$. O pico de absorção encontrado a 3450 cm^{-1} devido ao v(O-Hstr) do BCG foi deslocado para uma banda larga a 3270 cm^{-1} mostrando a conjugação do BCG na superfície do APK. A análise do espetro UV-VIS da amostra de BCG resultante de diferentes momentos (durante a adsorção com APK) é mostrada na Fig. 9 (b) e a principal mudança de cor do BCG antes e depois da adsorção pode ser vista na Fig. 9 (c). A alteração significativa da intensidade do pico em diferentes momentos da adsorção foi bem pronunciada a partir dos resultados UV-VIS, o que é evidente no processo de adsorção.

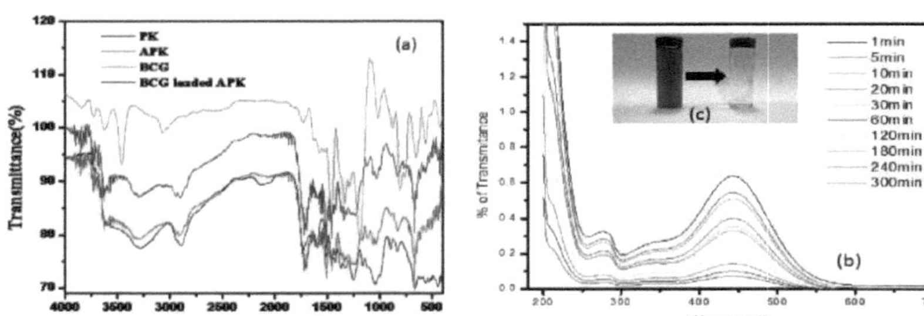

Figura 9(a): Espectroscopia FTIR de PK, APK, BCG e APK carregado com BCG, (b) espetroscopia UV-VIS para alterações significativas na absorvância em função do tempo e (c) alterações significativas da cor das pérolas de resina da solução de corante antes e depois da adsorção

Isotérmicas de adsorção

As relações de equilíbrio de adsorção entre o adsorvente e o adsorbato são descritas por isotérmicas de adsorção. Os estudos de isoterma foram efectuados variando a concentração inicial de BCG de (50 a 500) $mg.L^{-1}$ a um pH = 0,5 que foi ajustado com HCl ou NaOH antes da adição de APK e os outros parâmetros foram: massa de adsorvente 0,1 gm, velocidade de agitação 250 rpm, temperatura 303K e volume de solução de 100 ml mantido constante. Como se mostra na Fig.1, verificou-se que a quantidade de corante BCG adsorvida por unidade de massa de APK aumentou com o tempo e atingiu o valor de patamar quando os sítios activos do adsorvente ficaram saturados. Os dados de adsorção de equilíbrio de diferentes concentrações iniciais de corante listados na Tabela-3 foram analisados de acordo com os modelos de isoterma de adsorção de Langmuir, Freundlich e Tempkin [126, 136, 149]

Estudo das isotermas de Langmuir, Freundlich e Tempkin:

A equação de Langmuir é válida para o processo de adsorção em monocamada. Neste processo, a adsorção ocorre completamente na superfície homogénea com uma interação negligenciável entre as moléculas adsorvidas e é representada na forma linear do seguinte modo

$$\frac{C_e}{q_e} = \frac{1}{bq_m} + C_e\left(\frac{1}{q_m}\right) \qquad (5)$$

Onde, b é a constante de adsorção de Langmuir ($L.mg^{-}$) e q_m é a capacidade máxima de adsorção ($mg.g^{-1}$). O modelo de isotérmica de Langmuir para a adsorção de BCG foi representado por c /q_{ec} vs c_e e mostrado na Fig. 11. Os valores de q_m , b e R_L para a isotérmica de Langmuir são apresentados na Tabela.

As caraterísticas essenciais da isotérmica de Langmuir podem ser expressas pela constante adimensional denominada parâmetro de equilíbrio, RL, definida por

$$R_L = 1/(1 + bC_0) \qquad (6)$$

Onde, b é a constante de Langmuir e Co é a concentração inicial mais elevada do corante. A partir deste R_L podemos determinar o processo de isoterma de adsorção. A isotérmica de adsorção é irreversível se R_L =0, a isotérmica é favorável se $0 < R_L < 1$, linear se $R_L = 1$ ou desfavorável se $R_L > 1$. Os valores de R_L para a adsorção do corante BCG na amostra AC foram calculados e foram encontrados como sendo 0.0739, 0.0383, 0.0259, 0.0195, 0.0098, 0.0066, 0.0049 e 0.0039 para as concentrações do corante BCG de 25, 50, 75, 100, 200, 300, 400 e 500ppm, respetivamente, à temperatura de 303K, indicando que a adsorção do BCG no APK é favorável [137, 140, 149].

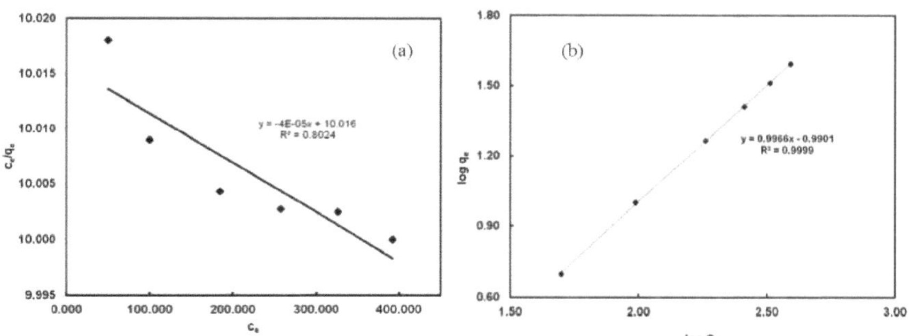

Figura. 10. Gráfico das isotérmicas de Langmuir (a) e Freundlich (b) para a adsorção de AC

O modelo de Freundlich é válido para a adsorção de sítios de superfície heterogéneos com diferentes energias de adsorção. A forma linear da equação da isoterma de Freundlich é dada na Equação (13)

$$\log q_e = \log k_f + \frac{1}{n} \log C_e \qquad (7)$$

Onde, q_e é a quantidade de adsorvato (mg.g^{-1}), c_e é a concentração de equilíbrio do BCG. O modelo de isotérmica de adsorção de Freundlich como um gráfico de logq_e vs logc_e foi apresentado na Fig.10(b). A partir desta isotérmica, verificou-se que o coeficiente de correlação (R^2) se ajustava bem aos dados experimentais do modelo da isotérmica de Freundlich. Os valores de k_f e 1/n obtidos a partir do declive e da interceção da linha reta estão também listados na Tabela-3. Em que kf pode ser definido como o coeficiente de adsorção ou de distribuição e qe representa a quantidade de corante adsorvida no adsorvente a uma concentração de equilíbrio unitária e 1/n representa a favorabilidade da adsorção. Neste caso, o valor de 1/n para a isotérmica de Freundlich foi encontrado entre zero e um, indicando que o BCG é adsorvido favoravelmente pelo APK. Este resultado foi fortemente apoiado pelas literaturas relatadas [140, 150] ao remover os corantes usando carvão ativado [136-140].

A derivação da isotérmica de Tempkin pressupõe que a diminuição do calor de adsorção é linear e não logarítmica, como implica a equação de Freundlich. O calor de adsorção de todas as moléculas na camada diminuiria linearmente com a cobertura devido à interação adsorvato / adsorvato. A forma linear da isotérmica de Tempkin pode ser expressa da seguinte forma

$$q_e = k_1 \ln k_2 + k_1 \ln c_e \qquad (8)$$

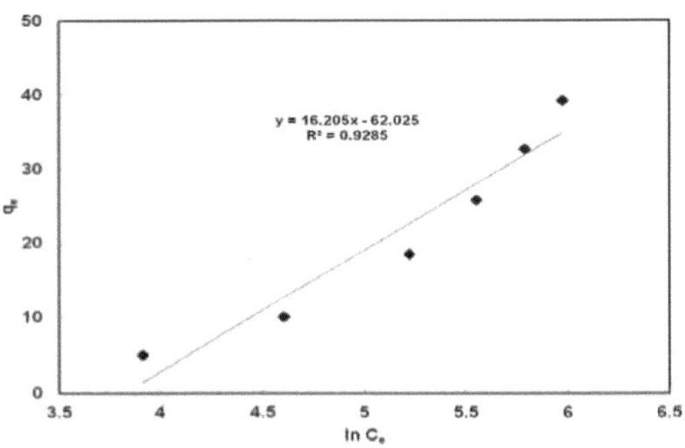

Figura 11. Gráfico da isotérmica de Tempkin para adsorção de BCG por APK

c_e = concentração do corante no equilíbrio (mg.L^{-1}), q_e = quantidade de corante adsorvido no equilíbrio (mg.g^{-1}), k1 (RT/b) está relacionado com o calor de adsorção e k_2 é a constante de ligação no equilíbrio (L.mg^{-1}). A Fig.11 apresenta um gráfico de q_e versus lnc_e , e os valores das constantes k1 e k_2 e os coeficientes de correlação de Tempkin foram calculados e apresentados na Tabela-3. A partir desta isotérmica, o coeficiente de correlação (R^2) não foi ajustado aos dados experimentais.

Quadro 3: Resultados das isotermas de Langmuir, Freundlich e Tempkin Adsorção de BCG com APK

Langmuir isotherm			Freundlich isotherm			Tempkin isotherm		
q_m, mmol.g^{-1}	b, mmol^{-1}	R^2	n	k_F	R^2	k_1	k_2	R^2
25	0.0039	0.8024	1.0034	0.1023	0.99	16.025	45.49	0.93

A partir deste estudo, observou-se que o processo de adsorção depende das estruturas químicas do corante e também dos absorventes. Comparando os resultados com os modelos de isoterma de Langmuir e Tempkin, verificou-se que os valores de R^2 são próximos da unidade no caso do modelo de isoterma de Freundlich, o que indica que o mecanismo de adsorção é regido pelo processo de quimisorção [140, 151].

3.2.4 Resumo

O estudo de adsorção do corante aniónico BCG foi investigado utilizando carvão ativado (CA). Os factores operacionais de adsorção, como o tempo, o pH e a dose de adsorvente/sorbato, desempenham um papel fundamental na alteração do processo. Com base na influência destes parâmetros, os resultados são interpretados através de estudos cinéticos, termodinâmicos e isotérmicos e, consequentemente, é determinado o mecanismo de adsorção do BCG na fase de CA. A capacidade de carga do BCG foi maximizada até 392,3 mg/g pelo CA neste estudo, o que parece significativamente mais elevado e consistente com os estudos registados. Os dados de equilíbrio mostraram melhor ajuste com a isoterma de Freundlich. Os parâmetros termodinâmicos, ou seja, a energia livre de Gibbs (ΔG^o), a entalpia (ΔH^o) e a entropia (ΔS^o), foram determinados para apoiar a relevância do processo de adsorção. O valor positivo de ΔS^o e ΔH^o indica um aumento dos graus de liberdade das espécies adsorvidas e um comportamento endotérmico, respetivamente. Este estudo conclui com um resultado: o bioadsorvente modificado AS (AC/APK) utilizado no estudo pode ser adequadamente aplicado para a purificação de água potável/soluções aquosas de processo com corante aniónico como contaminante(s).

4. Conclusões

Os resultados das investigações sobre a utilização de adsorventes de baixo custo para a remoção de corantes orgânicos de resíduos de diferentes fontes são impressionantes. Dois tipos diferentes de adsorvente, sintético e natural, significam a sua utilização com base nas suas propriedades físicas e/ou químicas caraterísticas da superfície. O bio adsorvente *PhrAGmaties karka* está disponível em abundância na zona dos lagos e rios. O custo e a aquisição para a sua utilização na presente investigação são muito económicos. Do mesmo modo, o processo adaptado para a síntese de nanomateriais de óxido metálico é uma via de síntese não convencional, ou seja, a síntese de combustão assistida por micro-ondas, que pode ser efectuada com a ajuda de um forno de micro-ondas de cozinha. Os materiais de partida/precursores são de muito baixo custo e as micro-ondas foram utilizadas devido a várias vantagens em relação aos métodos convencionais de preparação em estado sólido, tais como (i) tempo de processamento reduzido (ii) aquecimento uniforme (iii) melhor qualidade do produto, etc. De acordo com as observações, os bioadsorventes naturais podem absorver tanto corantes catiónicos como aniónicos, ao passo que os nanoadsorventes sintéticos são pouco específicos no que respeita à adsorção de corantes aniónicos. O primeiro adsorvente mostra tanto a fisiossorção como o tipo de quimisorção, enquanto o último segue o tipo de quimisorção, o que foi determinado a partir da investigação da isoterma. A eficiência de carga de qualquer um dos sorventes é prometedora. No entanto, o nano ZnO e o TiO2 sintéticos têm uma capacidade de carga mais elevada do que o CA, devido à finura das partículas e à forte afinidade de ligação resultante de uma maior área de superfície. A viabilidade do processo é bem evidente nos resultados da termodinâmica. Os resultados dos dados cinéticos em todos os estudos de cASe com qualquer um dos sorventes são consistentes. A tecnologia proposta, que abrange o objetivo específico de desintoxicação de águas/efluentes com resíduos de wASte, pode resolver o problema ambiental global, como a purificação da água. A ilustração da remoção de corantes orgânicos como o laranja xilenol, o preto eriocromo -T, o violeta de metilo e o verde bromocresol sugere a aplicabilidade potencial dos adsorventes acima referidos para a separação eficiente de outros corantes aniónicos e catiónicos de efluentes industriais e/ou outras soluções de água.

5. Referências

1. Anliker, R.: Ecotox. Environ. Segurança *1,* 211 (1977)
2. Wiedhaup, K.: Ata Pharm. Techno! Suppl. *8,* 67 (1979)
3. T., Cook, A.M., Hunter, R., Nuesch, J. (Eds.), Academic Press, Londres, pp. 371-385.
4. Zollinger, H., 1987, VCH Publishers, Nova Iorque, pp. 92-100.
5. S. Netpradit, P. Thiravetyan, S. Towprayoon, J. Colloid Interface Sci. 270 (2004) 255-261
6. M. Mottaleb, D. Littlejohn, Anal. Sci. 17 (2001) 429-434
7. Wollin L[1] , Maillet I, Quesniaux V, Holweg A, Ryffel B. J Pharmacol Exp Ther 2014 May;349(2):209-20
8. Livro: Khopkar, S. M., (2004), New AGe International (P) Limited Publisher, Nova Deli, Índia, p 224.
9. Novotny, C., DiAS, N., Kapanen, A., Malachova, K., Vandrovcova, M., M.Itavarra, Lima, N., (2006), Chemosphere, 63, pp 1436-1442.
10. Weber, E., Wolfe, N.L., (1987), Environmental Toxicology Chemistry, 6, pp 911-920.
11. Medvedev, Z. A., Crowne, H. M., Medvedeva, M. N., (1988), Mechanisms of AGeing Devlopement, 46, pp 159-174
12. Percy, A. J., Moore, N., Chipman, J. K., (1989), Toxicology, 57, pp 217-223.
13. SrivAStava, S., Sinha, R., Roy, D., (2004), Aquatic Toxicology, 66, pp 319-329.
14. Umbuzeiro, G. A., Freeman, H., Warren, S. H., Kummrow, F., Claxton, L. D., (2005), Food and Chemical Toxicology, 43, pp 49-56.
15. Tsuboy, M. S., Anjeli, J. P. F., Mantovani, M. S., KnASmiiller, S., Umbuzeiro, G. A., Ribeiro L. R., (2007), Toxicology In vitro, 21, pp 1650-1655.
16. Oliveira, D. P., Carneiro, P. A., Rech, C. M., Zanoni, M. V., Clauton, L. D., Umbuzeirs, G. A., (2006), Environmental Science & Technology, 40(21), pp 6682-6689.
17. Hao, O. J., H. Kim, O. J., Chiang P. C., (2000), Critical Review in Environmental Science & Technology, 30, pp 449-505
18. Robinson, T., Mcmullan, G., Marchant, R., Nigam, P., (2001), Bioresource & Technology, 77, pp 247-255.
19. Forgacs, E., Cserhtli, T., Oros, G., (2004), Environmental International, 30, pp 953-971.
20. Yuan, Y., Wen, Y., Li, X., Luo, S., (2006), J. Zhejiang Univ SCIENCE A, 7, pp 340-344
21. van der Zee, F. P., Villaverde, S., (2005), Water Research, 39(8), pp 1425-1440.
22. Santos, A. B., Cervantes, F. J., Lier, J. B., (2007), Bioresource & Technology, 98, pp 23692385.
23. Kaushik, P., Malik, A., (2009), Environment International, 35, pp 127-141.
24. AHmaruzzaman, M., Sharma, D.K., 2005. J. Colloid Interface Sci. 287, 14-24.
25. AHsan, T., Wu, J.H., Arnett, E.M., 1994, Fuel 73, 417-422.
26. Batabyal, D., SAHu, A., Chaudhuri, S.K., 1995, Sep. Technol. 5, 179-186.
27. Gupta, V.K., Sharma, S., Yadav, I.S., Mohan, D., 1998, J. Chem. Technol. Biotechnol. 71, 180-186.
28. Rio, S., BrASquet, C.F., Coq, L.L., Cloirec, P.L., 2005, Environ. Sci. Technol. 39, 4249-4257.
29. Sarkar, M., Acharya, P.K., 2006, WASte ManAG. 26, 559-570
30. ASok Adak, ManAS Bandyopadhyay, Anjali Pal, Dyes and Pigments, Volume 69, Número 3, 2005, PAGes 245-251
31. Y. Feng, F. Yang, Y. Wang, L. Maa, Y. Wua, P.G. Kerr, L.Yang, *Bioresource Technol.* **102**, 10280-10285(2011).
32. I. Mohammad, S. Khalid, A. Imtiaz, S. Sirraj, *Iran. J. Chem. Chem. Eng.* **33**, 53-58(2014).
33. M. Greluk, Z. Hubicki, *Desalination,* **278**, 219-226 (2011).
34. M. Arshadi, F. SalimiVAHid, J.W.L. Salvacion, M. Soleymanzadeh, *RSC Adv.* **4**, 1600516017(2014).
35. N. Kataria, V.K.Garg, M. Jain, K. Kadirvelu, *Adv. powder technol.27,* 1180-1188(2016).
36. F. Zhang, J. Lan, Y. Yang, T. Wei, R. Tan, W. Song, *J Nanopart Res* **15,** 2034-2044(2013).
37. A. BAGabAS, A. Alshammari, Mohmed FA Aboud e H. Kosslick, *Nanoscale Research Letters,* 8, 516 (2013).
38. S. VenkataprASadBhat, A. Govindaraj, C. N. R. Rao, *Solar Energy Materials & Solar Cells*, 95, 2318 (2011).

39. B. Priyadarshini, S.S. Behera, P.P. Rath, T.R. SAHoo e P.K. Parhi, *AIP Conference Proceedings* **1832**, 050043 (2017).
40. Gupta V, *J Environ ManAGe,* 90(8), 2313-42 (2009).
41. Wrobel D, Boguta A, Ion RM, *JPhotochem PhotobiolA Chem* 138(1), 7-22 (2001).
42. Wang, H L, Ping Li, Guosheng L, Xin L e Yao J M 2010 *Enzyme Microb. Techno. 47* 3743
43. Papic S, Koprivanac N, Bozic A L e Metes A 2004 *Dyes Pigments.* **62** 291-298
44. Ratna e Padhi B S 2012 *IJES. 3* 940-955
45. Mohammed M A, Shitu A e IbrAHim A 2014 *Res. J. Chem. Sci.* **4(1)** 91-102
46. Ejhieh AN e Khorsandi M. 2010 *J Hazard Mater* 176:629
47. Crini G. 2006 *Bioresour Technol.* **97** 1061
48. Robinson T, Chandran T B e Nigam P. 2002 *Water Resour.* **36** 2824
49. Orthman J, Zhu H Y e Lu G Q 2003 *Sep. Purif Technol.* **31** 53-59
50. Singh, A V e Sharma, N K 2012 *Int. J. Polym. Mater* **61** 199-213
51. Johns J e Rao V 2011 *Int JPolym Mater.* **60** 766-775
52. Abdel-Aziz H M e Hanafi H A 2011 *Int. J. Polym. Mater.* **60** 89-101
53. C. Noguera, 1997 *Adv. Mater.* **9** 1192-1193
54. Kung H H 1990 *Elsevier* **102** 965-966
55. Henrich V E e Cox P A Cambridge University Press, Cambridge UK (1994)
56. B. Priyadarshini, P.P. Rath, S.S. Behera, S.R. Panda, T.R. SAHoo e P.K. Parhi, *IOP Conf. Série: Ciência e Engenharia de Materiais* (Aceite), no prelo (2017), xx, xxxx,
57. Rodriguez J A e Fernandez M G 2007 *Whiley: Nova Jersey.*
58. M. G. Fernandez, A. A. Martinzes, J. C. Hanson e J. A. Rodriguez, *Chem. Revs.* **104** 4063 (2004)
59. Q. Qian, K. Mochidzuki, T. Fuji e A. Sakoda 2009 *J. Hazard. Mater.* **172** 1137-1144
60. Arora A K e Ritu S D 2012 *Curr. Trends Biotechnol. Chem. Res.* **2(1)** 52-56
61. Barka N, Abdennouri M, Makhfouk ME 2011 *J Taiwan Inst Chem E. 42* 320-326
62. Dave P, Kaur S e Khosla E 2011 *Indian J Chem Techn.* **60** 18:53
63. Hailei W, Ping L, Guosheng L, Xin L e Jianming Y 2010 *Enzyme Microb Tech.* **47** 37-43
64. Bedoui A, AHmadi M, BensalAH N e Gadri A 2009 *Chem Eng J.* **146** 98-104
65. Malakootian M e Fatehizadeh A 2010 *Iran J Environ Health Sci Eng 7* 267-272
66. de Luna M D G, Flores E D, Genuino D A D, Futalan C M e Wan M W 2013 *J Taiwan Inst Chem Engin.* **44** 646-653
67. Dong K, Qiu F, Guo X, Xu J, Yang D e He K 2013 *Mater Polym PlASt Techn Engin.* **52** 452-460
68. Mark D G L, Edgar D F, Divine A D G, Cybelle M F e Meng-Wei W 2013 *J Taiwan Inst Chem Eng 44* 646-653
69. Raveendra RS, PrAShanth P A, Malini B R e NAGabhushana B M 2015 *Res. J. Chem. Sci.* **5(3)** 9-13
70. Emine A, Aylin A e YoldAS S 2013 *Ecol. Eng.* **52** 19-27
71. Ho Y 2006 *J Hazard Mater.* B **136** 681-689
72. Ho Y e McKay G 1999 *Process Biochem* **34** 451-465
73. YASemin B e Zeki T 2007 *J Environ Sci* **19** 160
74. Cunha G, Romao LPC, Santos MC, Araujo BR, Navickiene S, de Padua VL 2010 *Bioresour Technol.* **101** 3345
75. Chieng H I, Priyantha N e Lim L B L. 2015 *RSCAdv* **5** 34603-34615
76. Liu X, Luo J, Zhu Y, Yang Y e Yang S. 2015 J. *Alloy Compd.* **648** 986-993
77. ShokrollAHi A, Alizadeh A, Malekhosseini Z, Ranjbar M. 2011 *Process. J. Chem. Eng. Dados* **56** 3738
78. AHmad M A e Alrozi R. 2011 *Chem. Eng. J.* **171** 510
79. Zhang L, Cheng Z, Guo X, Jiang X, Li T. RSC Adv 2015; 5: 74467-74485.
80. Allen S.J, Koumanova B. J. Univ. Chem. Technol. Metalurgia 2005; 40: 175-192.

81. Noroozi B, Sorial G.A., J. Environ. Sci 2013; 25: 419-429.
82. Chieng H.I, Priyantha N, Lim L.B.L., RSC Adv 2015; 5: 34603-34615.
83. Boujaady H. El, RhilASsi A.El, Bennani-Ziatni M, Hamri R. El, Taitai A, Lacout J. L., Desalination 2011; 275: 10-16.
84. Ma Jie, Yu Fei, Zhou Lu, Jin Lu, Yang Mingxuan, Luan Jingshuai, Tang Yuhang, Fan Haibo, Yuan Zhiwen, Chen Junhong, Appl. Mater. Interfaces 2012; 4:5749-5760.
85. Li Haizhen, Sun Zebin, Zhang Li, Tian Yaxi, Cui Guijia, Yan Shiqiang, Colloids and Surfaces A: Physicochem. Eng. ASpects 2016; 489:191-199.
86. Li Q, Tang X, Sun Y, Wang Y, Long Y, Jiang J, Xu H., RSC Adv 2015; 5: 25337- 25347.
87. Ozmen E.Y, Erdemir S, Yilmaz M, BAHadir M., Clean: Soil, Air, Water 2007; 35: 612-616.
88. Liu S, Ding Y, Li P, Diao K, Tan X, Lei F, Zhan Y, Li Q, Huang B, Huang Z., Chem. Eng. J 2014; 248: 135-144.
89. Elhamifar D., Shojaeipoor F. e Roosta M., J. Taiwan. Inst. Chem. Eng 2016; 59: 267-274.
90. Duran-Jimenez G, Hernandez-Montoya V, Montes-Moran M.A, Bonilla-Petriciolet A, Micropor. Mesopor. Ma 2014; 199: 99.
91. Nair V, PanigrAHy A, Vinu R., Chem. Eng. J 2014; 254: 491-502.
92. Peng Q, Liu M, Zheng J, Zhou C., Micropor. Mesopor. Mat 2015; 201:190-201.
93. Derakhshan M.S, Moradi O.J., Ind. Eng. Chem 2014; 20: 3086-3094.
94. Wawrzkiewicz M., Ind. Eng. Chem. Res 2014; 53: 11838-11849.
95. LjubAS D, Smoljanic G, Juretic H., J. Environ. ManAGe 2015; 161: 83-91.
96. Sheng G, Alsaedi A, Shammakh W, Monaquel S, Sheng J, Wang X, Li H, Huang Y., Carbon 2016; 99: 123-130.
97. Mandal S, Natarajan S., J. Environ. Chem. Eng 2015; 03: 1185.
98. Zhou L, Huang J, He Zhang B, F, Li H., Carbohyd. Polym 2014; 101: 574.
99. Munte S.G, Radulescu-Grad M.E, SfarloAG P., RSC Adv 2014; 4: 27354-27362.
100. Ai Lunhong, Zhang Chunying, Meng Lanying, J. Chem. Eng. Data 2011; 56: 4217-4225.
101. Arshadi M, SalimiVAHid F, Salvacion J.W.L, Soleymanzadeh M., RSC Adv 2014; 4: 16005-16017.
102. Hazzaa R, Hussein M., Environ. Technol. Innovation 2015, xxx, xxx...
103. Heibati B, Rodriguez-Couto S, Al-Ghouti M. A, ASif M, TyAGi I, AGarwal S, Gupta V.K., J. Mol. Liq 2015; 208: 99.
104. Djilani C, ZAGhdoudi R, Djazi F, Bouchekima B, Lallam A, Modarressi A, Rogalski M., J. Taiwan Inst. Chem. Eng 2015; 000:1.
105. Yun Chen Y, Zhai S, Liu N, Song Y, An Q, Song X., Bioresource Technol 2013; 144: 401.
106. Fernandez M.E, Nunell G.V, Bonelli P.R, Cukierman A.L., Ind.Crop Prod 2014; 62: 437.
107. Liao P, Ismael Z.M, Zhang W, Yuan S, Tong Man, Wang K, Bao J., Chem.Eng. J 2012; 339:195-196.
108. ShokrollAHi A, Alizadeh A, Malekhosseini Z, Ranjbar M., J. Chem. Eng. Data 2011; 56: 3738.
109. Hadi P, Yeung K.Y, Barford J, An K.J, McKay G., J. Environ. Chem. Eng 2015; 03: 1029.
110. Ghaedi M, Khajesharifi H, Yadkuri A.H, Roosta M, SAHraei, Daneshfar R.A., Spectrochim. Ata A 2012; 86: 62.
111. Guzel F, Saygili H, Saygili G.A, Koyuncu F., J. Mol. Liq. 2015; 206: 244.
112. Yanfang Feng a,c, Fan Yang a, Yongqian Wanga,c, Li Maa, Yonghong Wua, Philip G. Kerr, Linzhang, Biores. Technol. 2011; 102: 10280-10285.
113. Chih-Huang Weng, Yao-Tung Lin, Tai-Wei Tzeng, J.Haz. Mat. 2009; 170: 417-424.
114. Nguyen-Le Minh-Tri, Lee Byeong-Kyu, Chem. Eng. J. 2015; 281: 20-33.
115. Ayman A. Issa, YAHya S. Al-Degs, Mohammad A. Al-Ghouti, Amal A.M. Olimat, hem. Eng. J. 2014; 240: 554-564.
116. Karaca S, Gurses A, Acislia O, HASsania A, Kiransan M, Yikilmaz K., Desal. Wat. Treat 2013; 51 : 2726-

2739.

117. Auta M, Hameed B.H., Chem. Eng. J 2012; 198-199: 219-227.

118. AHmad M.A, Alrozi R., Chem. Eng. J 2011; 171: 510.

119. Behera, S.S., DAS, S., Murmu, B.M., Mohapatra, R.K., SAHoo,T.R., Parhi, P.K., *C. Env.Engg.,* 20 16; 3:229-24.

120. G. Moussavi, R. Khosravi, Chem. Eng. Res. Des. 89 (2011) 2182-2189.

121. Y. Feng, F. Yang, Y. Wang, L. Maa, Y. Wua, P.G. Kerr, L. Yang, Bioresource Technol. 102 (2011) 10280-10285.

122. H. Mittal, A. Maity, S.S. Ray, Int. J. Biol. Macromol. 79 (2015) 8-20.

123. G. Duran-Jimenez, V. Hernandez-Montoya, M.A. Montes-Moran, A. Bonilla-Petriciolet, N.A. Rangel-Vazquez, Micropor. Mesopor. Mat. 199 (2014) 99-107.

124. F. Guzel, H. Saygili, G.A. Saygili, F. Koyuncu, J. Mol. Liq. 206 (2015) 244-255.

125. R. Hazzaa, M. Hussein, Environ. Technol. Innovation 4 (2015) 36-51.

126. B. Heibati, S. Rodriguez-Couto, M.A. Al-Ghouti, M. ASif, I. TyAGi, S. AGarwal, V.K. Gupta, J. Mol. Liq. 208 (2015) 99-105.

127. S. Mandal, S. Natarajan, J. Environ. Chem. Eng. 03 (2015) 1185-1193.

128. L. Zhou, J. Huang, B. He, F. Zhang, H. Li, Carbohyd. Polym. 101 (2014) 574-581.

129. M. Ghaedi, H. Khajesharifi, A.H. Yadkuri, M. Roosta, R. SAHraei, A. Daneshfar, Spectrochim. Ata A. 86 (2012) 62-68.

130. M. Teng, F. Li, B. Zhang, A.A. TAHa, Colloid Surface A. 385 (2011) 229-234.

131. O.S. Bello, T.A. Fatona, F.S. Falaye, O.M. Osuolale, V.O. Njoku, Environ. Eng. Sci. 29 (2012) 186-194.

132. K. ElASs., A. Laachach, A. Alaoui, M. Azzi, Appl. Clay. Sci. 54 (2011) 90-96.

133. B. KarAGozoglu, M. TASdemir, E. DemirbAS, M. Kobya, J. Hazard. Mater. 147 (2007) 297306.

134. F. AHmad, W.M.A.W. Daud, M.A. AHmad, Mohd, R. Radzi, Chem. Eng. Res. Des. 90, (2012). 1480-1490.

135. N. Mohammadi, H. Khani, V.K. Gupta, A.E. Amereh. S. AGarwal, J. Colloid. Interface. Sci. 362 (2011)457-462.

136. C. Djilani, R. ZAGhdoudi, F. Djazi, B. Bouchekima, A. Lallam, A. Modarressi, M. Rogalski, J. Taiwan Inst. Chem. Eng. 53 (2015) 112-121.

137. Y. Chen, S. Zhai, N. Liu, Y. Song, Q. An, X. Song, Bioresource Technol. 144 (2013) 401409.

138. M.E. Fernandez, G.V. Nunell, P.R. Bonelli, A.L. Cukierman, Ind. Crop. Prod. 62 (2014) 437-445.

139. P. Liao, Z.M. Ismael, W. Zhang, S. Yuan, M. Tong, K. Wang, J. Bao, Chem. Eng. J. 195 (2012) 339-346.

140. A. ShokrollAHi, A. Alizadeh, Z. Malekhosseini, M. Ranjbar, J. Chem. Eng. Data. 56 (2011) 3738-3746.

141. L.S. Chan, W.H. Cheung, S.J. Allen, G. McKay, Sep. Purif Technol. 67 (2009) 166-172.

142. V.O. Njoku, K.Y. Foo, B.H. Hameed, Chem. Eng. J. 215 (2013) 383-388.

143. L.S. Chan, W.H. Cheung, G. McKay, Desalination. 218 (2008) 304.

144. T.M. Alslaibi, I. Abustan, M.A. AHmad, A.A. Foul, J. Environ. Chem. Eng. 1 (2013) 589599.

145. P. Hadi, K.Y. Yeung, J. Barford, K.J. An, G. McKay, J. Environ. Chem. Eng. 03 (2015) 1029-1037.

146. S. Chen, J. Zhang, C. Zhang. Q. Yue, Y. Li, C. Li, Desalination. 252 (2010) 149-156.

147. H. Yan, W. Zhang, X. Kan, L. Dong, Z. Jiang, H. Li, H. Yang, R. Cheng, Colloid. Surf. A. 380 (2011) 143-151.

148. W. Zhang, H. Li, X. Kan. L. Dong, H. Yan, Z. Jiang. H. Yang, A. Li, R. Cheng, Bioresour. Technol. 117 (2012)40-47.

149. W. Lemlikchi, N. Drouiche, N. Belaicha, N. OubAGha, B. Baaziz, M.O. Mecherri, J. Ind. Eng.Che. Res.32 (2015) 232-237.

150. M.A.M. Salleh, D.K. MAHmoud, W.A. Karim, A. Idris, Desalination. 280 (2011) 1-13.

151. H. Zheng, J. Qi, R. Jiang, Y. Gao, X. Li, J. Environ. ManAG. 162 (2015) 232-239.

152. B.M. Murmu, S.S. Behera, S. DAS, R.K. Mohapatra, B.K. Bindhani, P.K. Parhi, *Ind.J.Chem.Technol.*

MIX
Papier aus verantwortungsvollen Quellen
Paper from responsible sources
FSC® C105338

Printed by Books on Demand GmbH, Norderstedt / Germany